W0396557

MATHE-CRASH

Mathematik vom Schüler für Schüler verständlich erklärt!

Oberstufe Band 2

von Malte Thießen

ISBN-13: 978-1500404529
ISBN-10: 1500404527

Buchpresse Verlagshaus Malte Thießen
Detmold 2014

Dieses Buch ist für den privaten Gebrauch bestimmt. Nicht genehmigte Vervielfältigung ist nicht gestattet.

Informationen über der Autor und den Verlag finden Sie unter:
www.buchpresse.com

Printed by CreateSpace, An Amazon.com Company

Inhaltsverzeichnis

Vorwort

Durch den Schulwechsel von der Realschule aufs Gymnasium zeigt sich bald, dass ich auf Nachhilfe im Fach Mathematik angewiesen war. Um mich effektiv auf das bevorstehende Abitur vorzubereiten, begann ich in der 12. Klasse mein eigenes Mathe-Skript anzulegen. Etwa zeitgleich gab es in der Presse zahlreiche Berichte über den hohen Anteil an deutschen Schülern, die auf Nachhilfe im Fach Mathematik angewiesen sind. Hintergrund der Debatte war eine Umfrage, nach der mehr als 50% der Schüler Nachhilfe in Anspruch nehmen. Zu diesem Zeitpunkt suchte ich intensiv nach einem selbsterklärenden Mathebuch für die Oberstufe. Meine Recherchen ergaben, dass es für die Mittelstufe zahlreiche solcher Bücher gab. Für die Oberstufe hingegen konnte ich nur Werke finden, deren Inhalt und Sprache ich ebenso wenig verstehen konnte, wie den Ausführungen meines Mathematiklehrers. Es bot sich somit keine Alternative zum Nachhilfeunterricht.

Ein Buch musste her, dass die Geheimnisse der Mathematik in verständlicher Sprache offenlegt. Ich entschied mich aus meinen Aufzeichnungen ein Mathebuch zu machen, das genau diesen Mangel beheben sollte. Es sollte auch für all jene Schüler bezahlbar werden, deren Eltern sich Nachhilfe auf Dauer nicht leisten können. Dieser sozialen Ungleichheit, die über ein vorzeitiges Ende der schulischen Laufbahn entscheiden kann, wollte ich entgegensteuern.

Aus diesem Grund sollte mein Mathebuch nicht mehr als eine Nachhilfestunde kosten!

Differential-rechnung

KAPITEL 1

Einführung in die Differenzialrechnung

Bei der Differenzialrechnung berechnen wir Veränderungen. Eine bekannte Veränderung, die wir alle kennen, ist die Geschwindigkeit. Eine Streckenlänge y verändert sich in Abhängigkeit von der Zeit x.

Geschwindigkeit = Strecke durch Zeit

Ändern wir x (die Zeit), ändert sich auch y (die Strecke). Um diese Veränderung zu berechnen, nutzen wir die Differenzialrechnung.

Nehmen wir dieses einfache Beispiel:

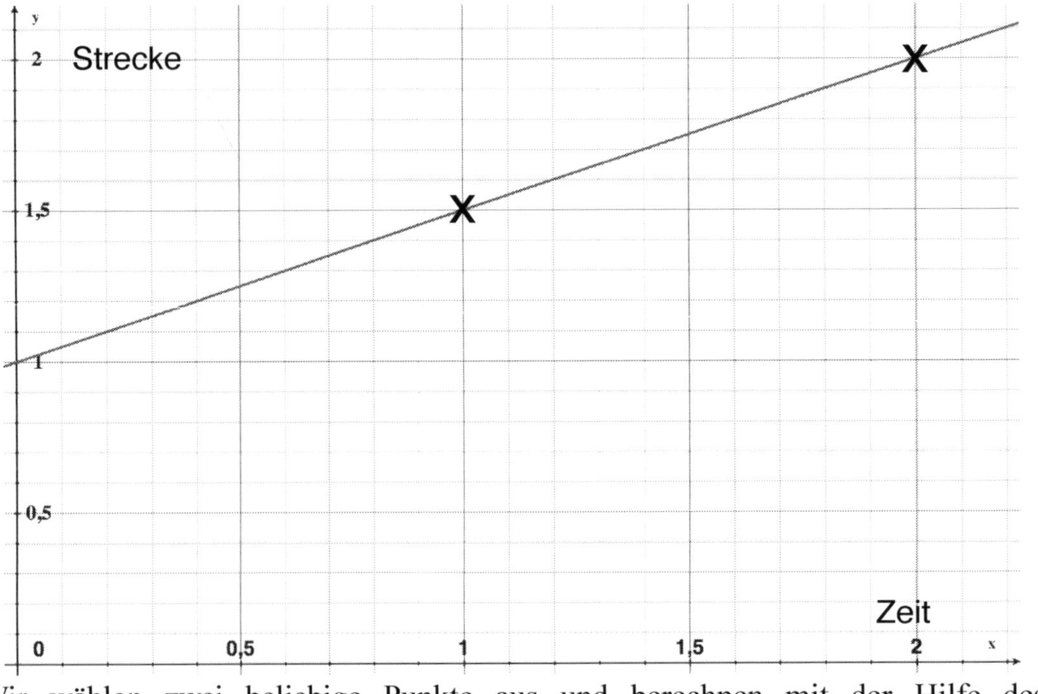

Wir wählen zwei beliebige Punkte aus und berechnen mit der Hilfe des Steigungsdreiecks (siehe Band 1) die Steigung m.

$$m = \frac{y_2 - y_1}{x_2 - x_1} = \frac{\Delta y}{\Delta x}$$

P_1 (1/1,5) und P_2 (2/2)

$$m = \frac{2 - 1{,}5}{2 - 1} = \frac{0{,}5}{1} = 0{,}5$$

Wir teilen also die Änderung der Länge (y) durch die Änderung der Zeit (x). Als Ergebnis erhalten wir die Änderungsrate, dass heißt, die Geschwindigkeit.

In diesem Beispiel können wir P1 und P2 beliebig auswählen. Wir erhalten immer die selbe Steigerung. Die Geschwindigkeit ist somit immer gleich. Dieses Phänomen können wir bei allen Funktionen 1. Grades beobachten.

Anders sieht es dagegen bei gekrümmten Graphen aus, also bei Funktionen 2. und höheren Grades.

Gibt es hier überhaupt eine Steigung und wenn ja, wie bestimmen wir sie?

Um diese Frage zu klären, schauen wir uns die Funktion $f(x) = x^2$ an.

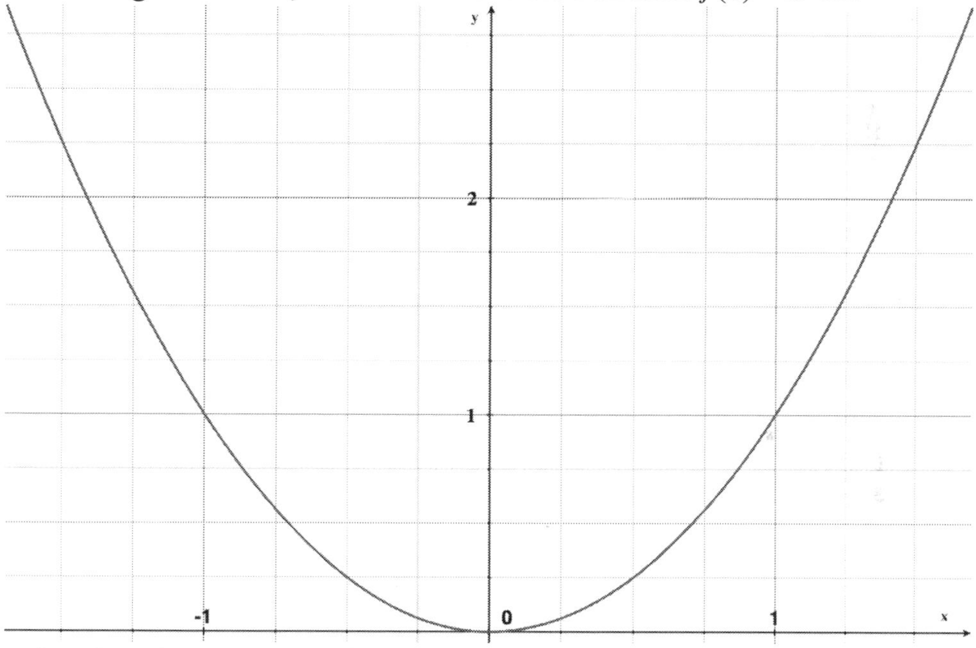

Wie wir sehen, hat unser Graph an jeder Stelle eine andere „Steilheit".

Wir stellen fest:

1. Je größer x ($x > 0$) wird, desto stärker steigt die Kurve.
2. Je kleiner x ($x < 0$) wird, desto stärker fällt die Kurve.

Die „Steilheit" des Graphen ist also Abhängig von x und ist für jeden x-Wert verschieden. In keinem Punkt ist sie demnach gleich.

Wie also können wir die „Steilheit" mathematisch als Steigung in einem beliebigen Punkt definieren und berechnen?

Um zu beginnen, müssen wir einen beliebigen Punkt x_1 auf dem Graphen aussuchen. Zusätzlich zu diesem Punkt wählen wir einen zweiten Punkt x_2.

Durch diese beiden Punkte ziehen wir eine Grade.

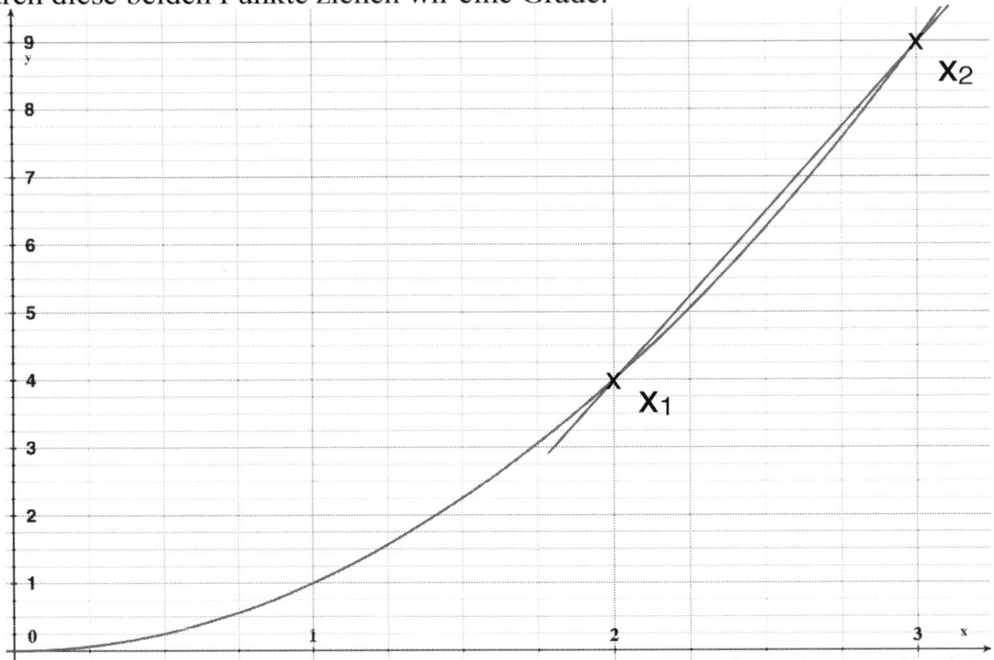

Diese Gerade nennt der Mathematiker eine Sekante, also eine „schneidende Gerade“.

Zu dieser Sekante können wir auch die Sekantensteigung ausrechnen. Hierzu nutzen wir wieder die bekannte Formel.

$$m_s = \frac{9 - 4}{3 - 2} = \frac{5}{1} = 5$$

Mit der Hilfe der Sekantensteigung berechnen wir jedoch lediglich einen Näherungswert. Wir berechnen die Geschwindigkeit, die gelten würde, wenn x_1 und x_2 auf einer Graden liegen würden. Dass ist jedoch nicht der Fall.

Kurzum: Mit diesem Verfahren können wir nicht die exakte Geschwindigkeit von x_1 berechnen. Wir nähern uns dieser lediglich an.

Diese Näherung wird jedoch um so besser, je näher x_2 an unserem fest gewählten x_1 liegt.

Um die exakte Geschwindigkeit an der Stelle x_1 zu berechnen, müssen x_1 und x_2 fast den selben Wert haben.

Rücken wir x_2 beliebig nah an x_1 heran, dann wird im Grenzfall aus der Sekantensteigung die Tangentensteigung im Punkt x_1.

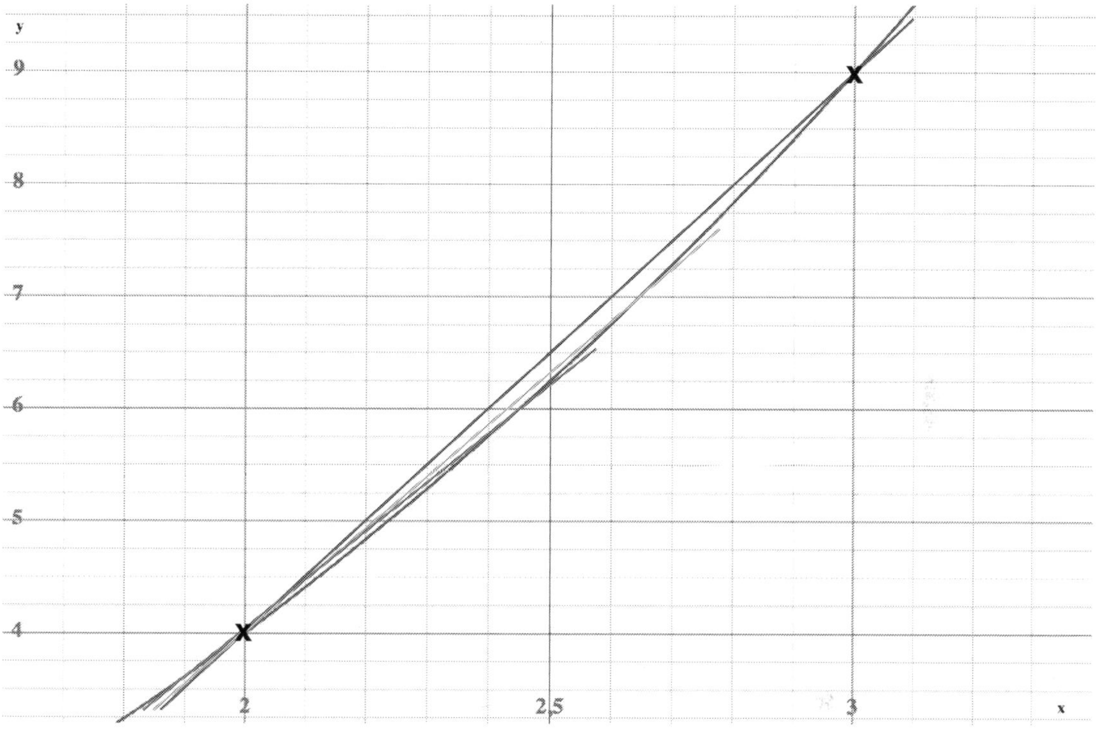

Als Tangente bezeichnen wir eine Grade, die den Graphen nur an einer einzigen Stelle (hier also an x_1) berührt.

Die Berechnung der Tangentensteigerung können wir mit der Hilfe der Differenzialrechnung berechnen.

Es gilt:

$x_1 = 2; y_1 = f(x_1) = 4$

$x_2 = \text{variabel}; y_2 = f(x_2) = x_2^2$

Die Sekantensteigung ist somit:

$$m_s = \frac{f(x_2) - f(x_1)}{x_2 - x_1}$$

Jetzt setzen wir die Werte ein.

$$m_s = \frac{x_2^2 - 4}{x_2 - 2}$$

Doch halt:
Was würde eigentlich passieren, wenn wir jetzt einfach $x_2 = x_1$ setzten würden?

Probieren wir es doch einfach einmal in unserem Beispiel aus.

$$m_s = \frac{4 - 4}{2 - 2} = \frac{0}{0}$$ **-> nicht definiert!**

So kommen wir nicht weiter. Wir müssen den Term der Sekantensteigung so umformen, dass wir erkennen können, welchen Grenzwert dieser Term annimmt, wenn x_2 gegen x_1 strebt ($x_2 \rightarrow x_1$).

Anders ausgedrückt heißt dass:
x_2 darf niemals gleich x_1 werden, da sonst die Sekantensteigung m_s nicht definiert ist. Statt also x_1 und x_2 gleich zu setzten, nähern wir uns mit x_2 an x_1 an und beobachten, ob es für ms einen Grenzwert gibt.

Mithilfe der 3. binomischen Formel (siehe Band 1) können wir den Term der Sekantensteigung umformen.

$$m_s = \frac{x_2^2 - 4}{x_2 - 2} = \frac{(x_2 - 2)(x_2 - 2)}{x_2 - 2}$$

Siehe da, wir können kürzen!

$$m_s = x_2 + 2$$

Hier angekommen können wir x_2 und x_1 gleichsetzen. Wir erhalten den Grenzwert.

$$m_s = 2 + 2 = 4$$

Die Tangentensteigung m_t ist also an der Stelle x_1 gleich 4.

Diese Grenzwertbetrachtung für $x_2 \rightarrow x_1$ liefert einen Grenzwert, bei dem die Sekantensteigung m_s gleich der Tangentensteigung m_t ist.

Mathematisch wird dieses Verfahren so ausgedrückt:

$$m_t = \lim_{x_2 \rightarrow x_1} (m_s)$$

Ganz nebenbei:
„lim" ist die Abkürzung für Limes (lateinisch), was auf deutsch so viel wie Grenzwert bedeutet.

Eine andere Art den Grenzwert zu berechnen, bietet die „h-Methode“. Von vielen Schülern, so auch von mir, wird sie bevorzugt, weil sie leichter und schneller anwendbar ist.

Im ersten Schritt setzten wir $x_2 - x_1$ und h gleich.

$$x_2 - x_1 = h$$

Jetzt können wir x_2 durch h ausdrücken.

$$x_2 = x_1 + h$$

Hiermit ergibt sich eine ganz andere Formulierung der Sekantensteigung.

$$m_s = \frac{f(x_2) - f(x_1)}{x_2 - x_1}$$
$$= \frac{f(x_1 + h) - f(x_1)}{x_1 + h - x_1}$$
$$= \frac{f(x_1 + h) - f(x_1)}{h}$$

Anstelle von x_2 variieren wir jetzt mit h.

Statt $x_2 \to x_1$ gilt nun $x_1 + h \to x_1$.

Das bedeutet nichts anderes, als das h jetzt gegen Null strebt.

Als Grenzwert erhalten wir somit die Tangentensteigerung:

$$m_t = \lim_{h \to 0} \left(\frac{f(x_1 + h) - f(x_1)}{h} \right)$$

Jetzt können wir für x_1 wieder 2 einsetzen.

$$m_t = \lim_{h \to 0} \left(\frac{(2 + h)^2 - 2^2}{h} \right)$$
$$= \lim_{h \to 0} \left(\frac{4 + 4h + h^2 - 4}{h} \right)$$
$$= \lim_{h \to 0} \left(\frac{4h + h^2}{h} \right)$$
$$= \lim_{h \to 0} \left(\frac{h\,(4 + h)}{h} \right)$$
$$= \lim_{h \to 0} (4 + h) = 4$$

Wir stellen fest, dass beide Lösungswege zum selben Ergebnis führen.

Es bleibt dir überlassen, welche Methode Du bei der Anwendung bevorzugst.

Den berechneten Grenzwert bezeichnet der Mathematiker auch als „Ableitung von $f(x)$ an der Stelle x_1.

Die Kurzschreibweise sieht so aus:

$$f'(x_1) = m_t = \lim_{h \to 0} \left(\frac{f(x_2) - f(x_1)}{x_2 - x_1} \right)$$

ODER

$$f'(x_1) = m_t = \lim_{h \to 0} \left(\frac{f(x_1 + h) - f(x_1)}{h} \right)$$

Damit wäre die Berechnungsmethode der Ableitung abgeschlossen. Weiter im Stoff geht es jetzt mit den Regeln der Differentialrechnung.

Regeln der Differenzialrechnung

Die Ableitung mit der Differenzialrechnung ist ein kompliziertes und zeitaufwendiges Verfahren. Besonders kompliziert wird es bei zusammengesetzten Funktionen. Um die Ableitung von solchen komplexen Funktionen zu vereinfachen hat der Mathematiker folgende Ableitungsregeln gefunden:

Die Summenregel, die Faktorregel, die Produktregel und die Kettenregel.

All diese Regeln sagen uns, wie wir zusammengesetzte Funktionen ableiten können.

1) Die Summenregel

Wir haben zwei Funktionen, die miteinander addiert werden sollen.

$$f(x) = h(x) + g(x)$$

Anstatt das Ergebnis h(x) aufs neue mit der „h-Methode" abzuleiten, können wir die bereits bekannten Ableitungen von h(x) und g(x) verwenden.

$$f(x) = h(x) + g(x)$$
$$f'(x) = h'(x) + g'(x)$$

Die Ableitung einer Summe von Funktionen ($f'(x)$) ist also gleich der Summe der Ableitungen ($h'(x) + g'(x)$).

2) Die Faktorregel

Bei der Faktorregel wird eine bekannte Funktion mit einem Faktor multipliziert.

$$f(x) = k \cdot g(x)$$

Wenn wir eine solche Funktion ableiten, dann kümmern wir uns nicht um den Faktor, der unverändert bleibt. Nach der Ableitung von g(x) multiplizieren wir das Ergebnis mit k.

$$f(x) = k \cdot g(x)$$
$$f'(x) = k \cdot g'(x)$$

Die Summen- und Faktorregel reichen, um viele der zusammengesetzten Funktionen ableiten zu können. Dazu gehören alle ganzrationalen Funktionen.

Um gebrochenrationale Funktionen abzuleiten, brauchen wir die Quotientenregel. Sie wird an dieser Stelle jedoch nicht erwähnt. Du findest sie im Kapitel „Ableitung von gebrochenrationalen Funktionen".

3) Die Produktregel

Mithilfe der Produktregel können wir zusammengesetzte Funktionen ableiten, die aus einem Produkt aus Funktionen bestehen.

$$f(x) = u(x) \bullet v(x)$$

Manchmal können wir ein solches Produkt ohne die Produktregel ableiten. In der Regel müssen wir jedoch auf sie zurückgreifen.

Bei der Produktregel brauchen wir sowohl die Ableitungen (u'(x) und v'(x)), als auch die die Funktionen (u(x) und v(x)) selbst.

$$f(x) = u(x) \bullet v(x)$$
$$f'(x) = u'(x) \bullet v(x) + u(x) \bullet v'(x)$$

Die erste Ableitung der ersten Funktion (u'(x)) wird mit der zweiten Funktion (v(x)) multipliziert. Gleichzeitig bilden wir ein Produkt aus der ersten Ableitung der zweiten Funktion (v'(x)) und der ersten Funktion (u(x)).

$$f'(x) = (u'(x) \bullet v(x)) + (u(x) \bullet v'(x))$$

Im Anschluss werden die beiden Ergebnisse miteinander addiert. Wir erhalten die Ableitung von $f(x)$.

4) Die Kettenregel

Als letzte Regel müssen wir die Kettenregel ansprechen. Sie wird immer dann angewandt, wenn zwei Funktionen zusammen eine verkettete Funktion bilden.

$$f(x) = g(h(x))$$

Eine verkettete Funktion könnte beispielsweise so aussehen:

$$f(x) = \sqrt{x + 1}$$

Um die Rechnung zu vereinfachen, wird oft die innere Funktion durch eine beliebige Variable ersetzt. Dieses Verfahren ist auch als Substitution bekannt.

An die Stelle der inneren Funktion tritt die Variable z.

$$f(x) = g(z)$$
$$f(x) = \sqrt{z}$$

Bis zum Ende der Rechnung rechnen wir mit z als innere Funktion. Erst am Ende wird z wieder durch die innere Funktion h(x) ersetzt.

Bei der Ableitung von verketteten Funktonen, müssen wir sowohl die innere, als auch die äußere Funktion ableiten. Im Anschluss werden die beiden Ableitungen miteinander multipliziert.

$$f(x) = g(h(x))$$
$$f'(x) = g'(h(x)) \bullet h'(x)$$

Genauso gut können wir es so formulieren:

$$f(x) = g(z)$$
$$f'(x) = g'(z) \bullet z'$$

Wenn wir die Kettenregel auf unser Beispiel anwenden, sieht die Rechnung so aus:

1. Äußere Funktion ableiten

$$g(z) = \sqrt{z} = 2^{1/2}$$
$$g'(z) = \frac{1}{2} 2^{-1/2}$$

2. Innere Funktion ableiten

$$h(x) = x + 1$$
$$h'(x) = 1$$

3. Die innere mit der äußeren Funktion multiplizieren

$$f'(x) = g'(z) \bullet z'$$
$$= \frac{1}{2} z^{-1/2} \bullet 1$$
$$= \frac{1}{2} z^{-1/2\ cc}c$$

4. Ersetzung von z durch h(x)

$$f'(x) = \frac{1}{2} (z)^{-1/2}$$
$$= \frac{1}{2} (x + 1)^{-1/2}$$

Damit ist die verkettete Funkion g(h(x)) abgeleitet.

Die Ableitung

Da die Bildung der Ableitung mit diesen beiden Methoden auf Dauer sehr umständlich ist, gibt es, wie so oft in der Mathematik, zwei Wege, die zum gleichen Ergebnis führen.

Wenn wir eine Funktion ableiten wollen, gibt es noch einen anderen, einfacheren und unkomplizierteren Weg. Das große Problem der bisher bekannten Methoden ist die hohe Anfälligkeit für Fehler. Je länger und komplizierter die Rechnungen werden, desto schneller schleichen sich Fehler ein.

Wie also funktioniert das Ableitungsverfahren?

Als Grundlage für die Bildung der Ableitung brauchen wir erst einmal eine Funktion.

$$f(x) = x^3 - 5x^2 + 30x + 8$$

Bei der Ableitung multiplizieren wir den Term vor der Variable x mit dem Exponenten von x. Anschließend verkleinern wir diesen Exponenten um den Faktor 1.

$$f(x) = x^n$$

$$f'(x) = nx^{n-1}$$

Steht hinter einem Term keine Variable und somit auch kein Exponent, dann verschwindet dieser Term bei der Ableitung.

$$f(x) = x^n + z$$

$$f'(x) = nx^{n-1}$$

Die Ableitung unseres Beispiels sieht also so aus:

$$f(x) = x^3 - 5x^2 + 30x + 8$$
$$f'(x) = 3x^{3-1} - (5\cdot 2)x^{2-1} + 30x^{1-1} + 8$$
$$f'(x) = 3x^2 - 10x^1 + 30$$

Damit ist die Durchführung der Ableitung auch schon erklärt.

Aber was bedeuten die Ableitungen eigentlich anschaulich?

Mit der Hilfe der ersten Ableitung bestimmen wir die Tangentensteigung in jedem beliebigen Punkt.

Die zweite Ableitung dagegen zeigt die Krümmung des Graphen an.

Wenn die Kurve nach links gekrümmt ist, bedeutet das, dass die Steigung immer größer wird. Die Tangentensteigung ist also immer positiv.

$$f''(x) > 0 \rightarrow \text{rechts/links Krümmung}$$

Krümmt sich die Kurve dagegen nach rechts, dann wird die Steigung der zweiten Ableitung und damit auch die Steigung der Tangente negativ.

$$f''(x) < 0 \rightarrow \text{links/rechts Krümmung}$$

An dem Punkt, an dem $f''(x) = 0$ ist, gibt es keine Krümmung.

$$f''(x) = 0 \rightarrow \text{keine Krümmung}$$

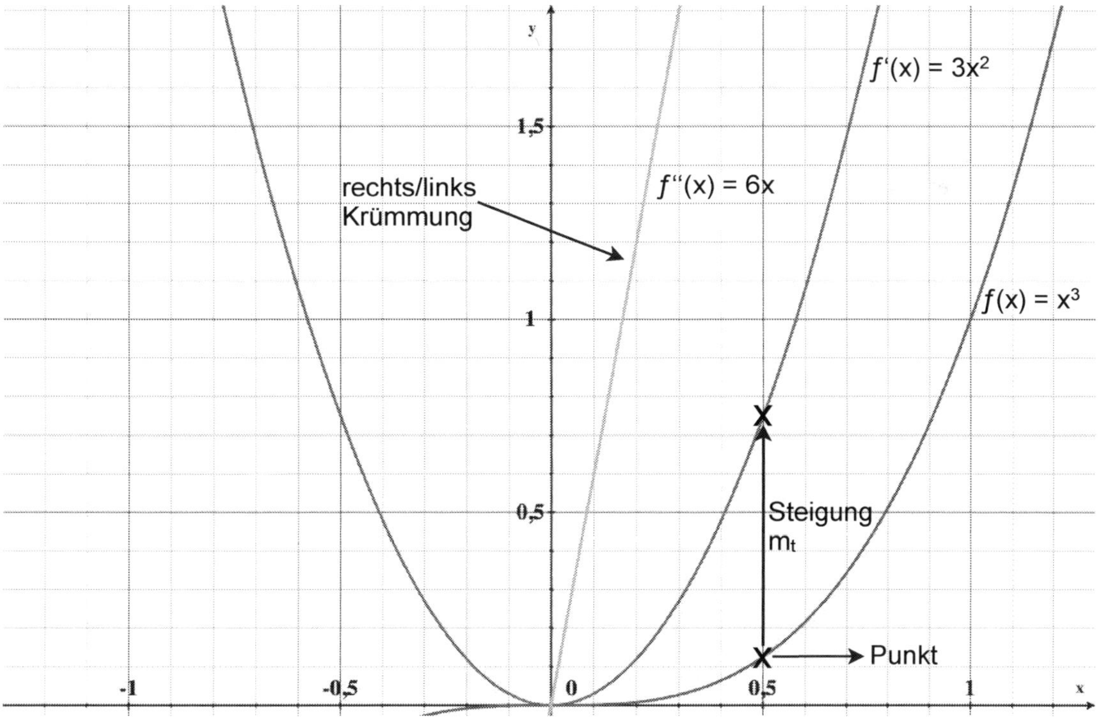

Kurvendiskussion

KAPITEL II

Verhalten von $f(x)$ für $x \to \infty$

Was passiert eigentlich mit dem Graphen, wenn x unendlich groß und unendlich klein wird? - Genau dieser Frage werden wir jetzt nachgehen.

Den Verlauf des Graphen können wir aus dem Term mit dem höchsten Exponenten ablesen.

$$f(x) = ax^3 + bx^2 + cx + d$$

Je größer/kleiner x wird, desto stärker wirkt sich das auf den Term mit der höchsten Potenz aus. Für den Verlauf des Graphen ist der Faktor a und der höchste Exponent n verantwortlich.

Wir unterscheiden zwischen folgenden Fällen:

Hinweis:
Die mathematischen Schlussfolgerungen sind fett gedruckt!

A) Der Faktor **a ist positiv** und der Exponent **n grade** ($f(x) = 1x^2$).

1. Untersuchung: $x \to +\infty$

$f(x) = 1x^2$
$f(2) = 1(2)^2$
$f(2) = 4$

Bei gradem Exponenten, positivem a und $x \to +\infty$ strebt der Graph ebenfalls ins positive Unendliche.

$$\mathbf{f(x) \to +\infty \text{ für } x \to +\infty}$$

2. Untersuchung: $x \to -\infty$

$f(x) = 1x^2$
$f(-2) = 1(-2)^2$
$f(-2) = 4$

Auch wenn x ins negative Unendliche strebt bleibt $f(x)$ positiv.

$$\mathbf{f(x) \to +\infty \text{ für } x \to -\infty}$$

B) Der Faktor **a ist negativ** und der Exponent **n ist gerade** ($f(x) = -1x^2$).

1. Untersuchung: x –> +∞

$f(x) = -1x^2$
$f(2) = -1(2)^2$
$f(2) = -4$

Wie wir sehen strebt der Graph ins negative Unendliche.

$f(x)$ –> -∞ für x –> +∞

2. Untersuchung: x –> -∞

$f(x) = -1x^2$
$f(-2) = -1(-2)^2$
$f(-2) = -4$

Dank dem graden Exponenten wird das negative x positiv (Minus • Minus = Plus). Da jedoch a negativ ist, strebt der Graph trotz allem ins negative Unendliche.

$f(x)$ –> -∞ für x –> -∞

C) Der Faktor **a ist positiv** und **n ist ungerade** ($f(x) = 1x^3$).

1. Untersuchung: x –> +∞

$f(x) = 1x^3$
$f(2) = 1(2)^3$
$f(2) = 8$

$f(x)$ strebt ins positive Unendliche.

$f(x)$ –> +∞ für x –> +∞

2. Untersuchung: x –> -∞

$f(x) = 1x^3$
$f(-2) = 1(-2)^3$
$f(-2) = -8$

Der Graph strebt also ins negative Unendliche.

$f(x)$ –> -∞ für x –> -∞

D) Der Faktor **a ist negativ** und **n ist ungerade** ($f(x) = 1x^3$).

1. Untersuchung: x –> +∞

$f(x) = -1x^3$
$f(2) = -1(2)^3$
$f(2) = -8$

Wie wir sehen, strebt der Graph ins negative Unendliche.

$f(x) \rightarrow -\infty$ für $x \rightarrow +\infty$

2. Untersuchung: $x \rightarrow -\infty$

$f(x) = -1x^3$
$f(-2) = -1(-2)^3$
$f(-2) = 8$

Der Graph strebt also ins positive Unendliche.

Damit sind alle Fälle geklärt. Ich kann Dir nicht empfehlen sie alle auswendig zu lernen. Stattdessen solltest Du immer dann, wenn Du das Verhalten des Graphen bestimmen musst, den den Fokus auf den Term mit dem höchsten Exponenten richten. Dann setze einen positiven und einen negativen x-Wert ein. Anschließend schreibst Du die mathematische Schlussfolgerung auf.

$f(x) = 2x^2$

– Einsetzen von ±x –

$f(x) \rightarrow +\infty$ für $x \rightarrow +\infty$
$f(x) \rightarrow +\infty$ für $x \rightarrow -\infty$

Extremstellenberechnung

Mithilfe der Extremstellenberechnung erfahren wir, ob unsere Funktion über Extremstellen verfügt. Extremstellen sind Punkte, an denen sich die Richtung des Graphen ändert. Dabei unterscheidet man generell zwischen Hoch- und Tiefpunkten.

Als erstes müssen wir überprüfen, ob unsere Funktion überhaupt Extremstellen hat. Bei der Lösung dieser Frage hilft uns die notwendige Bedingung der Extremstellenberechnung.

Wichtig:
Die notwendige Bedingung muss in jedem Fall erfüllt sein. Wird sie nicht erfüllt, hat die Funktion keine Extremstellen!

Die notwendige Bedingung lautet, dass bei allen x-Werten, die als Hoch- oder Tiefpunkte, in Frage kommen, die erste Ableitung unserer Funktion gleich Null sein muss.

notwendige Bedingung: $f(x) = 0$

Bei der Funktion $f(x) = x^3 - 48x + 7$ heißt dass:

$$f(x) = x^3 - 48x + 7$$
$$f'(x) = 3x^2 - 48$$
$$0 = 3x^2 - 48$$

Wenn wir jetzt die Gleichung auflösen, erhalten wir alle möglichen x-Werte.

$$0 = 3x^2 - 48$$
$$-3x^2 = -48$$
$$x^2 = 16$$
$$x =$$
$$x = \pm 4$$

Als Lösung erhalten wir $x = \pm 4$.

Mit diesem Ergebnis sind wir aber noch keineswegs am Ende der Rechnung angekommen. Bis jetzt haben unsere beiden x-Werte lediglich die erste, die notwendige Bedingung, erfüllt. Ob es sich bei diesen Stellen wirklich um Extremstellen handelt, und ob die x-Werte Hoch- oder Tiefpunkte sind, all das klärt die zweite, die hinreichende Bedingung.

Die hinreichende Bedingung ist die zweite Bedingung, die bei der Berechnung von Extremstellen erfüllt sein muss. Sie überprüft die berechneten x-Werte und liefert Informationen über die Art der Extremstelle. Bei der hinreichenden Bedingung ist die zweite Ableitung der Funktion im Fokus der Betrachtung. Nur dann, wenn diese ungleich Null ist, gibt es bei dem eingesetzten x-Wert auch wirklich eine Extremstelle.

hinreichende Bedingung: $f''(x) \neq 0$ (**und** $f'(x) = 0$)

Die zweite Ableitung darf also niemals Null werden, sonst gibt es an dem berechneten Punkt keine Extremstelle.

Um nun unser Ergebnis ($x = \pm 4$) mit der zweiten Bedingung zu prüfen, müssen wir erst einmal die zweite Ableitung bilden.

$$f(x) = x^3 - 48x + 7$$
$$f'(x) = 3x^2 - 48$$
$$f''(x) = 6x$$

Nun setzen wir die beiden x-Werte ein. Sollte bei einer der beiden Werte die Funktion gleich Null werden, so existiert an dieser Stelle kein Extrempunkt.

$$f''(4) = 6 \cdot 4$$
$$= 24$$

$f''(4) = 24 \neq 0$ –> Extremstelle vorhanden!!

$$f''(-4) = 6 \cdot (-4)$$
$$= -24$$

$f''(-4) = -24 \neq 0$ –> Extremstelle vorhanden!!

Wir wissen jetzt, dass unsere Funktion definitiv über zwei Extremstellen verfügt. Jetzt müssen wir ermitteln, ob es sich bei diesen Punkten um Hoch- oder Tiefpunkte handelt. Um die y-Koordinaten der Stellen zu erhalten, muss man die Punkte in die Ausgangsfunktion einsetzen (siehe nächstes Thema).

1) Der Hochpunkt

Immer dann, wenn die zweite Ableitung unserer Funktion kleiner ist als Null, handelt es sich bei der Extremstelle automatisch um einen Hochpunkt.

$$f''(x) < 0 \rightarrow \text{Hochpunkt!!}$$

Auf unsere Funktion bezogen heißt das als:

$$f''(-4) = -24 < 0 \rightarrow \text{HP}$$

An der Stelle x = -a hat unsere Funktion also einen Hochpunkt.

2) Der Tiefpunkt

Der Tiefpunkt ist genau das Gegenteil des Hochpunktes. Bei der Extremstelle handelt es sich immer dann um einen Tiefpunkt, wenn die zweite Ableitung größer als Null ist.

$$f''(x) > 0 \rightarrow \text{Tiefpunkt!!}$$

Bei dem zweiten x-Wert (x = 4) handelt es sich somit um einen Tiefpunkt.

$$f''(4) = 24 > 0 \rightarrow \text{TP}$$

Wir wissen jetzt also, dass unsere Funktion sowohl über einen Hoch-, als auch über einen Tiefpunkt verfügt. Zeichnen wir also unseren Graphen!

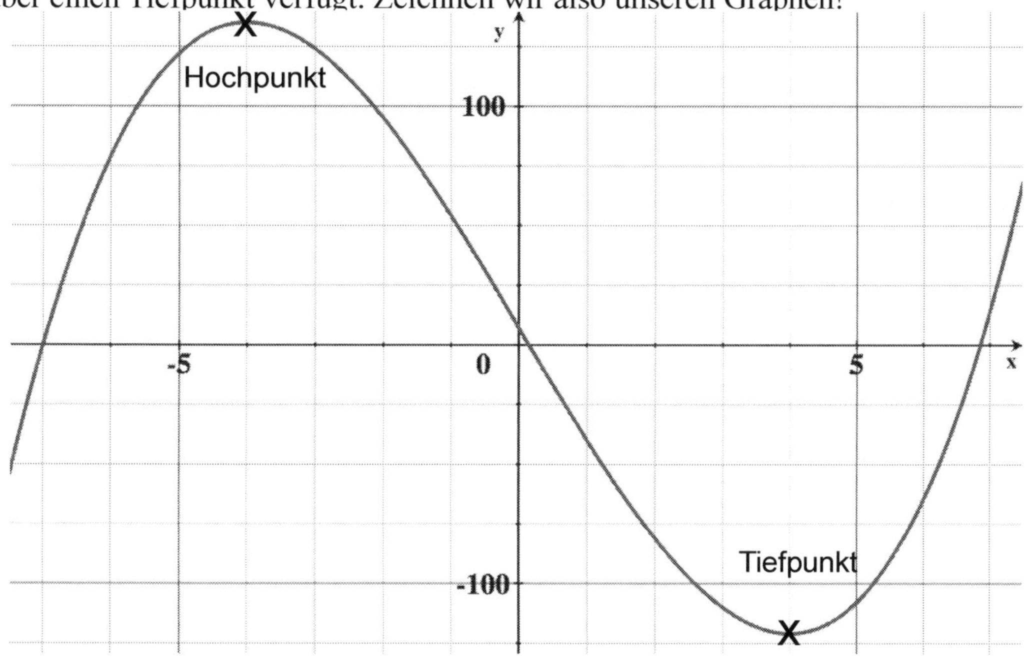

Wendestellen

Neben Extremstellen gibt es auch Wendestellen. Unter diesem Begriff versteht der Mathematiker Punkte, an dem der Graph sein Krümmungsverhalten ändert.

Wie schon bei der Extremstellenberechnung gibt es auch bei der Berechnung der Wendestellen Bedingungen, mit denen man die exakten Koordinaten berechnen kann.

Mithilfe der notwendigen Bedingung überprüft man, ob die Funktion überhaupt Wendestellen hat. Der Fokus liegt auf der 2. Ableitung der Funktion. Sie wird gleich Null gesetzt. Wenn wir jetzt x-Werte erhalten, so kann es an dieser Stelle Wendestellen geben.

notwendige Bedingung: $f''(x) = 0$

Als Beispiel wählen wir einfach einmal die Funktion:

$$f(x) = x^3 - 3x^2 - 9x + 11$$

Als erstes berechnen wir die ersten beiden Ableitungen.

$$f(x) = x^3 - 3x^2 - 9x + 11$$
$$f'(x) = 3x^2 - 6x - 9$$
$$f''(x) = 6x - 6$$

Jetzt setzen wir die zweite Ableitung gleich Null und berechnen all jene x-Werte, die als Wendestellen in Frage kommen.

$$f''(x) = 0$$
$$0 = 6x - 9$$
$$x = 1$$

Genau wie bei der Berechnung von Extremstellen gibt es auch bei der Wendestellenberechnung eine hinreichende Bedingung. Sie besagt, dass es sich bei dem x-Wert nur dann um eine Wendestelle handelt, wenn die dritte Ableitung ungleich Null ist.

hinreichende Bedingung: $f''(x) = 0$ und $f'''(x) \neq 0$

Bevor wir diese Bedingung anwenden können, müssen wir die dritte Ableitung erst einmal bilden.

$$f''(x) = 6x - 6$$
$$f'''(x) = 6$$

Wir stellen fest, dass wir den x-Wert im Prinzip nicht einsetzen müssen, da die dritte Ableitung an keiner Stelle gleich Null werden kann. Egal welche Zahl wir einsetzen, eine Null als Ergebnis erhalten wir nie, Damit haben wir den Beweis gefunden, dass an der Stelle x = 1 wirklich eine Wendestelle existiert.

$f'''(1) = 6 \neq 0$ –> **Wendestelle existiert!!**

Jetzt, wo wir wissen, dass es an dem Punkt x = 2/3 einen Wendepunkt gibt, müssen wir nur noch die y-Koordinate des Wendepunkts berechnen. Dazu setzen wir den x-Wert in die Ausgangsfunktion ein.

$$f(x) = x^3 - 3x^2 - 9x + 11$$
$$f(1) = 1 - 3 - 9 + 11$$
$$f(1) = 0$$

W(1/0)

Abschließend zeichnen wir den Graphen.

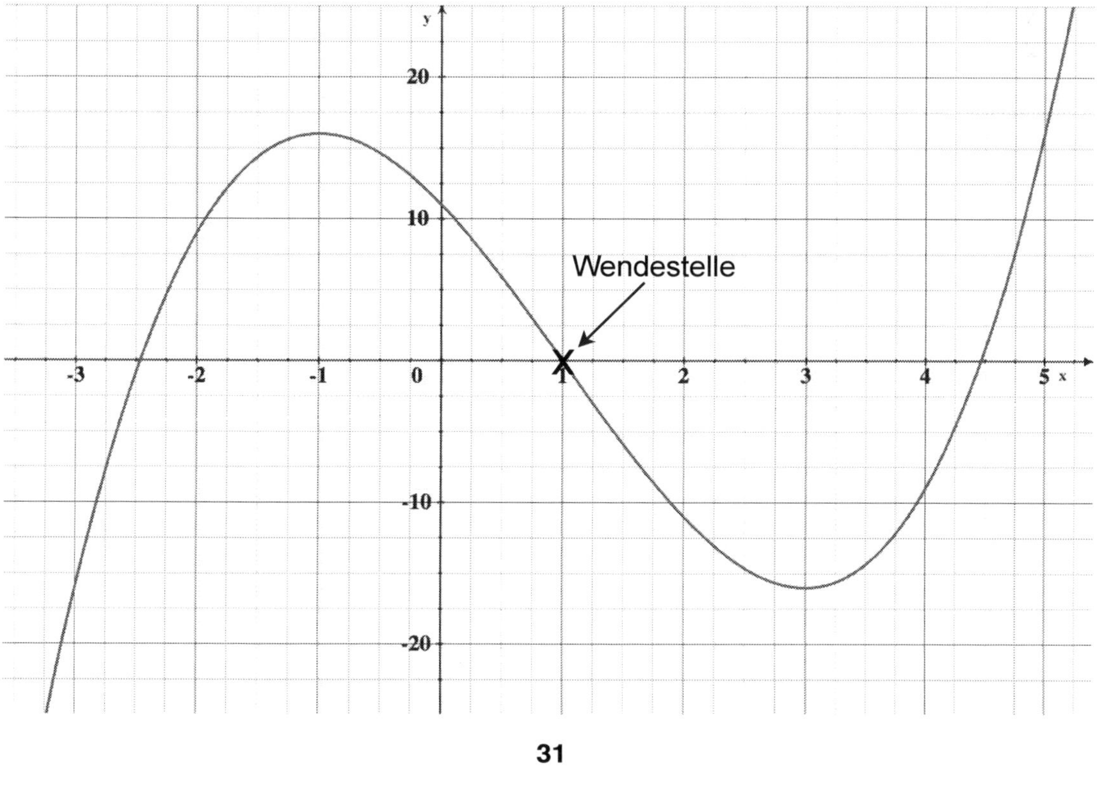

Die Wendetangente

Bei vielen Aufgabenstellungen müssen wir neben der Wendestelle auch die Wendetangente berechnen. Wir erinnern uns: Eine Tangente ist eine gerade, die den Graphen nur an einer einzigen Stelle berührt.

Der formale Aufbau der Wendetangenten-Funktion muss daher so aussehen:

$$W_t(x_w) = mx + b$$

Da wir den y-Achsenabschnitt b nur in Abhängigkeit von der Steigung m berechnen können, bestimmen wir zuerst die Steigung m.

Die Steigung m wird berechnet, indem wir den Wendepunkt x_w in die erste Ableitung der Ausgangsfunktion einsetzen.

$$\begin{aligned} m &= f'(x_w) \\ &= f'(1) \\ &= 3 - 6 - 9 \\ &= -12 \end{aligned}$$

Die Steigung der Wendetangente liegt also bei -12.

$$W_t(x_w) = -12x + b$$

Um nun b zu berechnen, setzen wir einfach x_w in die Funktion der Wendetangente ein.

$$\begin{aligned} W_t(1) &= -12 + b \\ b &= 12 \end{aligned}$$

$$W_t(x_w) = -12x + 12$$

Damit haben wir die Wendetangente berechnet.

Fehlt nur noch ... Richtig, die Zeichnung!

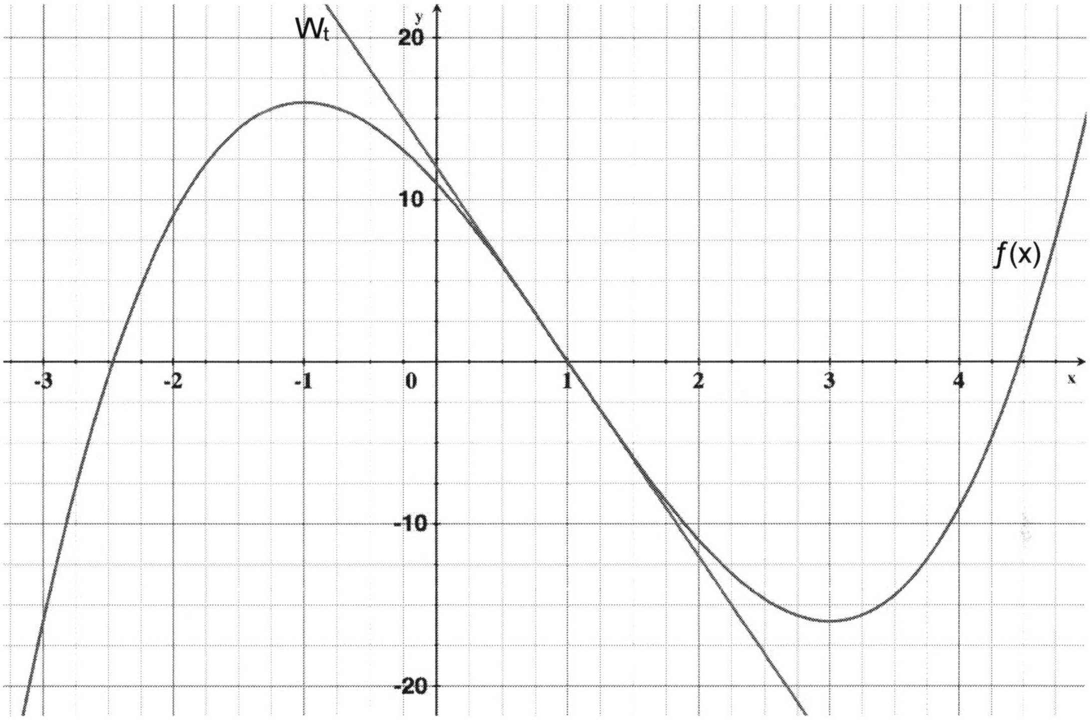

Wt
y
20
10
-10
-20
-3
-2
-1
0
1
2
3
4
x
f(x)

Der Sattelpunkt

Bei der Wendestellenberechnung gibt es einen Sonderfall, auf den ich gesondert eingehen muss. Es handelt sich hierbei um den Sattelpunkt.

Achtung:
Während jeder Sattelpunkt automatisch auch ein Wendepunkt ist, sind Wendepunkte nicht immer auch Sattelpunkte.

Neben der notwendigen und hinreichenden Bedingung muss der Sattelpunkt eine zusätzliche, dritte Bedingung erfüllen. Die erste Ableitung, oder anders ausgedrückt die Steigung im Wendepunkt, muss gleich Null sein.

- notwendige Bedingung: $f''(x) = 0$
- hinreichende Bedingung: $f'''(x) \neq 0$
- Bedingung des Sattelpunkts: $f'(x) = 0$

$$W = W_{sattel} \rightarrow m_t = 0$$

Außer diesem Merkmal unterscheidet sich der Sattelpunkt somit nicht vom klassischen Wendepunkt.

Um nun also zu prüfen, ob es sich bei der Wendestelle um einen Sattelpunkt handelt, haben wir zwei Möglichkeiten um zur Lösung zu kommen. Wir können entweder die erste Ableitung gleich Null setzen und x_w einsetzen, oder aber die Steigung der Wendetangente berechnen.

$$f'(x_w) = 0$$

ODER

$$W_t(x) = mx + b$$

$$m_t = f'(x_w)$$

Beide Lösungswege ähneln sich ziemlich stark. Sie sind fast identisch. Die Wahl zwischen den Wegen bleibt Dir überlassen.

Wenn eine der beiden Rechnungen aufgeht, dann befindet sich im Punkt x_w ein Sattelpunkt.

Aber genug von der Theorie. Es wird Zeit, dass wir uns wieder einer Praxisaufgabe widmen.

$$f(x) = -\frac{2}{3}x^3 + 2x^2 - 2x + 2$$

Die Funktion hat im Punkt $(1/\,1\frac{1}{3})$ eine Wendestelle. Um herauszufinden, ob es sich bei dieser Wendestelle wirklich um einen Sattelpunkt handelt, setzen wir x_w in die erste Ableitung ein. Wenn das Ergebnis gleich Null ist, handelt es sich bei dem Wendepunkt um einen Sattelpunkt.

$$f'(x_w) = -2x^2 + 4x - 2$$
$$f'(1) = -2 + 4 - 2$$
$$f'(1) = 0 \text{ –> Sattelpunkt!}$$

Damit ist der Beweis erbracht, dass es sich bei der Wendestelle um einen Sattelpunkt handelt.

Zur Endüberprüfung zeichnen wir den Graphen der Funktion.

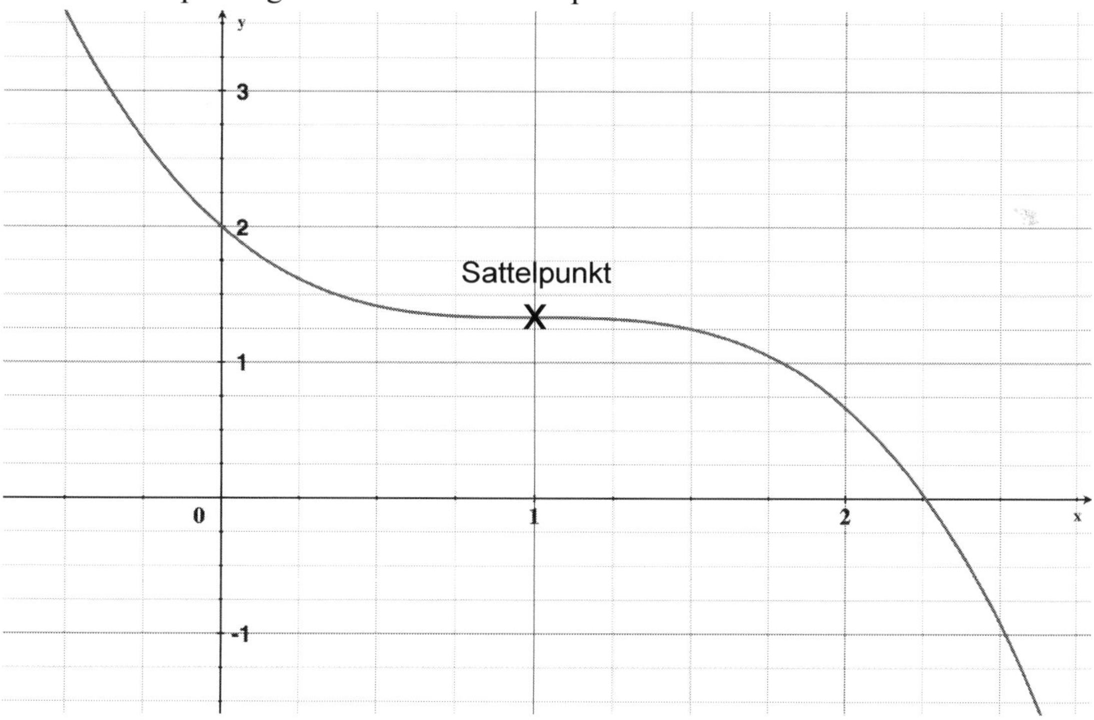

Wertetabelle und Skizze der Funktion

Zu jeder ordentlichen Kurvendiskussion, egal, ob es sich um eine rationale oder um eine gebrochen-rationale Funktion handelt, gehört eine Wertetabelle und eine Skizze der Funktion.

$$f(x) = x^3 - 3x^2 - 9x + 11$$

Die einfache Wertetabelle aus Band 1 erweitern wir jetzt um eine weitere Zeile. Hier wird die Bedeutung der ausgerechneten Stellen angegeben.

x	0	1	4,46	-2,46	3	-1
y	11	0	0	0	-16	16
Bedeutung	S_y	N_1, W	N_2	N_3	TP	HP

Neben diesen Werten kann man natürlich auch noch beliebig viele andere Punkte ausrechnen, um den Graphen zeichnen zu können. Wir begnügen uns an dieser Stelle mit den berechneten Punkten.

Jetzt fehlt nur noch die Skizze mit Beschriftung.

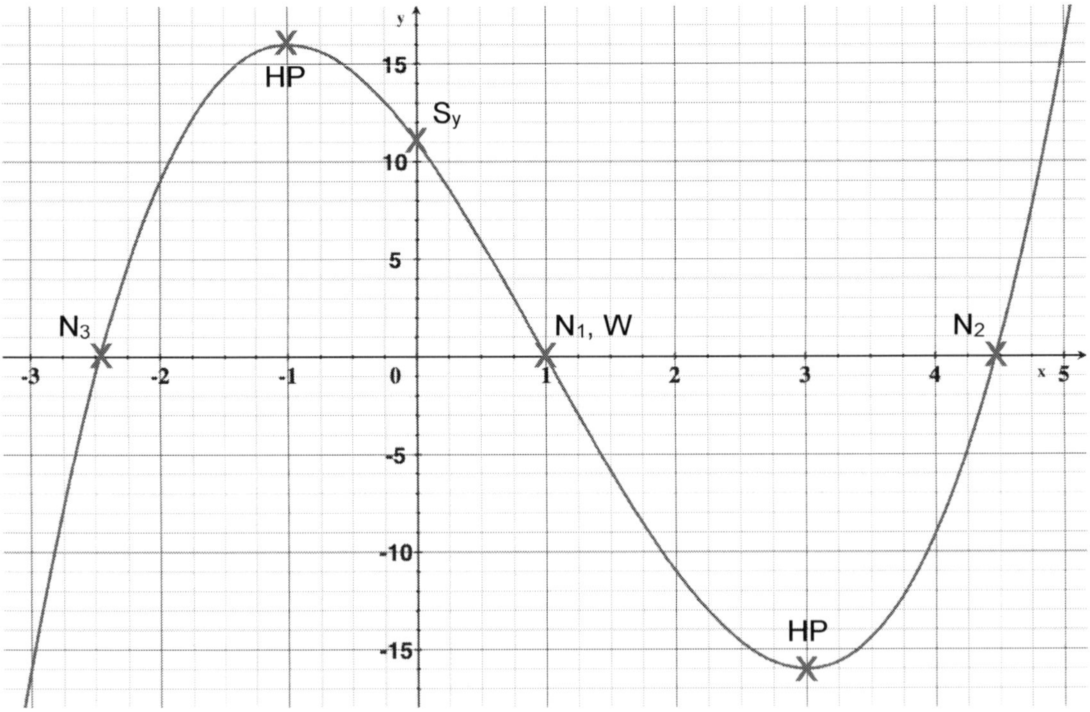

Steckbriefaufgaben

Das Ziel von Steckbriefaufgaben ist es, Funktionen aufzustellen. Doch statt uns Schülern einfach die Punkte zu nennen, werden diese in einer Textaufgabe verschlüsselt. Aus diesem Grund lieben die meisten Mathelehrer diesen Aufgabentyp. Es gibt schließlich nichts schöneres, als uns Schüler verzweifeln zu lassen.

Damit Du nicht in Schwierigkeiten und letztlich in die Verzweiflung getrieben wirst, habe ich eine Liste der wichtigsten Begriffe und deren Erklärung für dich zusammengestellt.

Ich kann dir nur empfehlen, diese Liste auswendig zu lernen.

1. Formaler Aufbau von Funktionen

Die Funktion ist ...

eine Funktion n. Grades.	Der höchste Exponent ist = n.
symmetrisch zur y-Achse.	Es gibt nur gerade Exponenten.
punktsymmetrisch zum Ursprung.	Es gibt nur ungerade Exponenten.
nicht symmetrisch.	Es gibt sowohl gerade, als auch ungerade Exponenten.

2. weitere Eigenschaften der Funktion

Berührung der x-Achse bei x = z	Nullstelle + Mini/Maximum $f(z) = 0$, $f'(z) = 0$
der Graph schneidet die y-Achse bei (0/y)	$f(0) = y$
Nullstelle an der Stelle x	$f(x) = 0$
Extremstelle/punkt an der Stelle (x/y)	$f'(x) = 0$, $f(x) = y$
Extrenum	Extremstelle

Wendestelle an der Stelle (x/y)	$f''(x) = 0$, $f(x) = y$
Sattelpunkt an der Stelle (x/y)	$f'(x) = 0$, $f''(x) = 0$, $f(x) = y$
Wendetangente mit der Steigung m	$f''(x) = 0$, $f'(x) = m$
der Graph wechselt vom proportionalen ins antiproportionale	Wendestelle
der Graph hat bei x die Steigung m	$f'(x) = m$

Ablauf einer Kurvendiskussion

Wir sind jetzt am Ende des Themas „Kurvendiskussion von ganzrationalen Funktionen" angelangt. Alle wichtigen Themen wurden angesprochen.

Da sich wichtige Teilbereiche der Kurvendiskussion jedoch in Band 1 befinden, habe ich hier einen Leitfaden erstellt, wie Du eine Kurvendiskussion optimal angehen kannst. Sollte dir einer der Bereiche noch nicht klar sein, kannst Du einfach noch einmal nachschlagen.

1. Funktion aufstellen
2. Definitionsbereich beschreiben
3. Verhalten von $f(x)$ für x gegen ± Unendlich beschreiben
4. y-Achsenabschnitt bestimmen
5. Nullstellen finden
6. Ableitungen bilden
7. Extremstellen suchen
8. Wendestelle/Sattelpunkt suchen
9. Wertetabelle aufstellen
10. Skizze des Graphen erstellen
11. Graphen beschriften

FERTIG!!!

Die Umkehrfunktion

Von einigen Mathematiklehrern wird im Rahmen der Kurvendiskussion auch die Umkehrfunktion angesprochen. In gewissem Sinne gehört sie in das Kapitel Symmetrie, da die man y an x spiegelt. Normalerweise ist sie jedoch KEIN Bestandteil der Kurvendiskussion. Da die Umkehrfunktion jedoch von einigen Lehrern thematisiert wird, erkläre ich, wie man sie aufstellt.

Bei der Umkehrfunktion vertauscht man die x-Achse mit der y-Achse. Dass sieht bei $f(x) = x^2$ dann so aus:

vorher

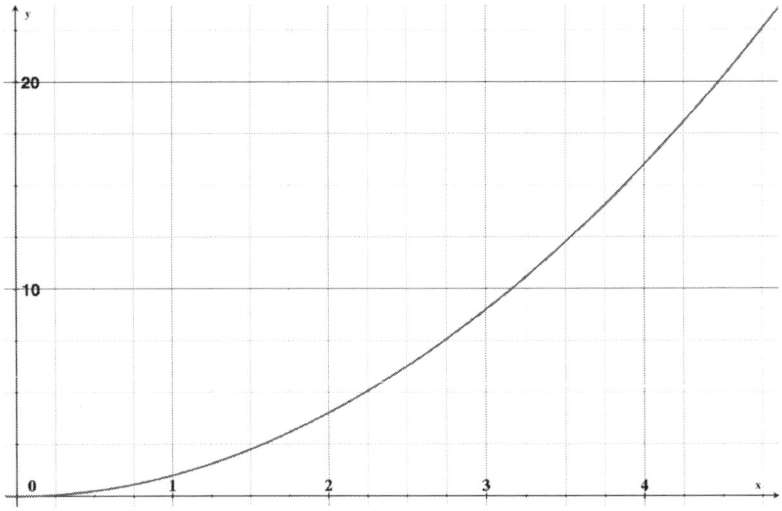

danach

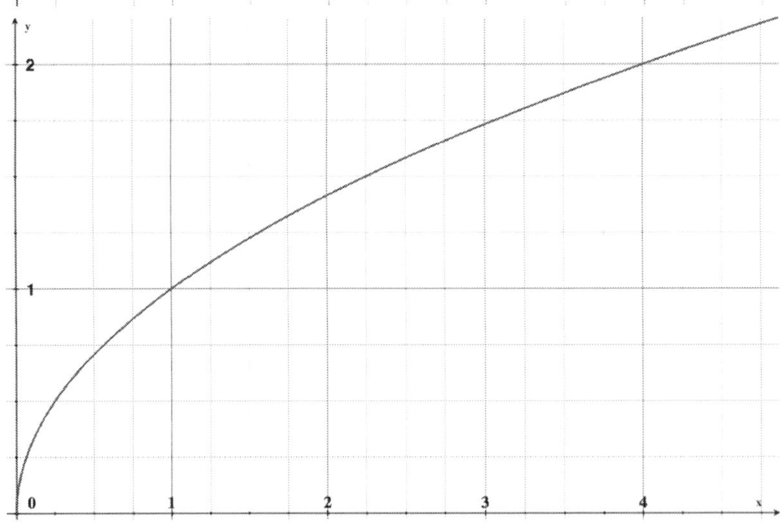

Um die x-Achse und die y-Achse tauschen zu können, lösen wir die allgemein gültige Gleichung $f(x) = y$ nach x auf.

$$f(x) = y$$
$$x = f^{-1}(x)$$

Wenn wir x und y vertauschen, spiegeln wir y an x. Die x-Achse wird zur y-Achse und die y-Achse wird zur x-Achse.

Spiegelung an y = x
x-Achse –> y-Achse
y-Achse –> x-Achse

Unsere erste Funktion lautet $f(x) = x^2$.

$$f(x) = x^2$$
$$y = x^2$$

Jetzt lösen wir nach x auf.

$$x^2 = y \quad | \pm\sqrt{}$$
$$x = \pm\sqrt{y}$$

$$x_1 = +\sqrt{y} \text{ und/oder } x_2 = -\sqrt{y}$$

Beide Gleichungen sind richtig. Bevor wir sie aber benutzen können, müssen wir x und y vertauschen.

$$\mathbf{x \longleftrightarrow y}$$
$$x = \pm\sqrt{y}$$
$$y = \pm\sqrt{x}$$
$$f(x) = \pm\sqrt{x}$$

Erhöhen wir den Schwierigkeitsgrad. Unsere zweite Funktion lautet:

$$f(x) = -x^2 + 4$$
$$y = -x^2 + 4 \mid -4 \mid : (-1) \mid \sqrt{}$$
$$x = \sqrt{4 - y}$$
$$\mathbf{y \longleftrightarrow x}$$
$$y = \sqrt{4 - x}$$

Recht einfach, nicht? Und damit ist auch die Umkehrfunktion erklärt!

Gebrochenrationale funktionen

KAPITEL III

Gebrochenrationale Funktionen

Der Mathematiker trennt den Bereich der Funktionen grob in zwei Felder ein. Es gibt ganzrationale und gebrochenrationale Funktionen. Das Feld der ganzrationalen Funktionen haben wir ja bereits kennen gelernt. Jetzt beschäftigen wir uns mit den gebrochenrationalen Funktionen.

Ganzrational vs. Gebrochenrational
Wo liegen die Unterschiede?

Gebrochenrationale Funktionen bestehen aus zwei ganzrationalen Funktionen, wobei eine Funktion durch die andere dividiert wird. Es handelt sich somit um einen Bruch als Funktionsterm.

$$f(x) = \frac{\text{Zähler}}{\text{Nenner}} = \frac{Z(x)}{N(x)}$$

Anders ausgedrückt heißt das, dass auch Variablen (bspw. das x) mit Exponenten unter dem Bruchstrich stehen können.

Die Rechnung mit gebrochenrationalen Funktionen ist, wie man es sich sicherlich schon vorstellen kann, um einiges komplizierter als die Rechnung mit ganzrationalen Funktionen.

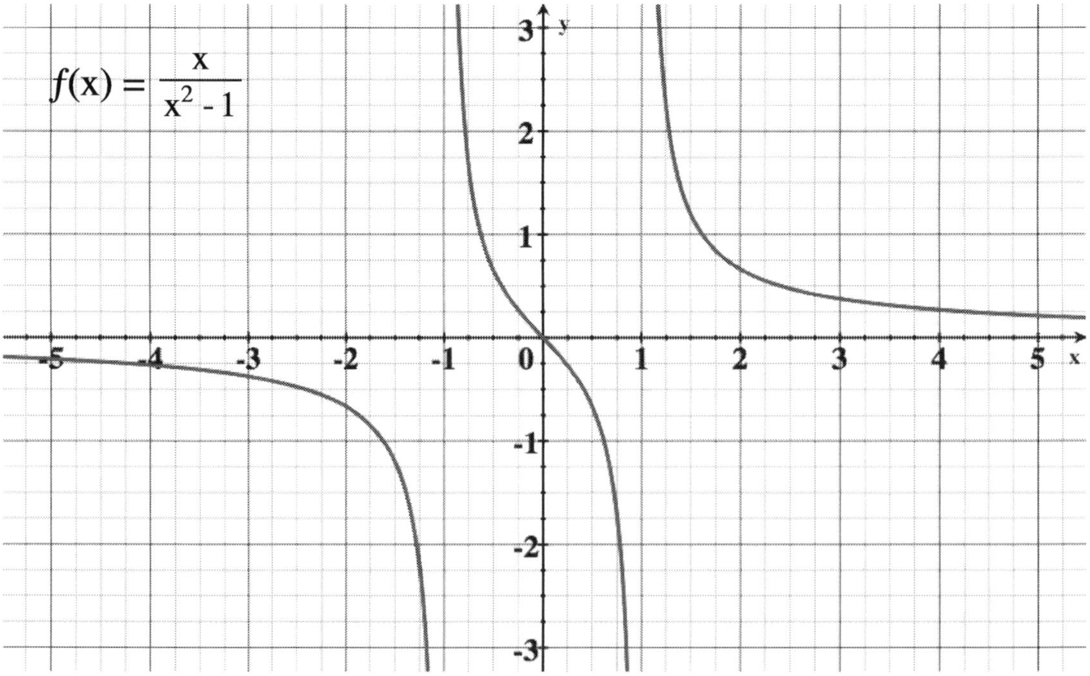

Der Definitionsbereich

Generell ist zu beachten, dass der Nenner der Funktion niemals gleich Null werden darf. Der Definitionsbereich muss also dahingehend eingeschränkt werden.

Am Besten lässt sich diese Einschränkung an einem Beispiel verdeutlichen:

$$f(\mathrm{x}) = \frac{2\mathrm{x} - 6}{\mathrm{x} + 2}$$

Gesucht ist die Nullstelle des Nenners.

$$\mathrm{x} + 2 = 0$$
$$\mathrm{x} = -2$$

Wir stellen fest, dass unsere Funktion N(x) an der Stelle x = -2 gleich Null wird. Dieser Wert darf damit nicht im Definitionsbereich enthalten sein und kann so bei der Kurvendiskussion nicht verwendet werden. Unser Ergebnis muss jetzt nur noch mathematisch fixiert werden.

Bei ganzrationalen Funktionen ist der Definitionsbereich die Menge der reellen Zahlen. Es gibt keine Einschränkungen.

ganzrationale Funktionen –> ID = IR

Jetzt jedoch dürfen bei der Rechnung nicht alle reellen Zahlen verwendet werden.

Wie Du weißt, ersetzten Mathematiker Wörter gerne durch Symbole. Dieses Phänomen ist auch hier der Fall.

In der Praxis sieht unsere Einschränkung so aus:

ID = IR / {-2}

Das Zeichen „/“ steht für das Wort „ohne“ und innerhalb der beiden {Mengenklammern} befindet sich der Wert, der nicht eingesetzt werden darf.

Wenn man diese Gleichung also verbalisiert sagt man:

„Der Definitionsbereich ist die Menge der reellen Zahlen ohne -2.“

Nullstellen

Wie schon bei den ganzrationalen Funktionen gibt es auch bei den gebrochen rationalen Funktionen Schnittpunkte mit der x- und mit der y-Achse.

Bei der Berechnung der Nullstellen betrachten wir ausschließlich die Funktion im Zähler Z(x). Denn wenn Z(x) Null ist, dann ist die ganze Funktion gleich Null.

Die Bedingung lautet somit: $Z(x) = 0$

Als Beispielfunktion wählen wir:

$$f(x) = \frac{-12x + x^2 - 6}{x^2 + 3}$$

Um die Nullstellen zu berechnen, gehen wir jetzt wie bekannt vor: Die Funktion gleich Null setzten, p und q bestimmen und anschließend mit der pq-Formel die Nullstellen berechnen.

$$Z(x) = -12x + x^2 - 6$$

Bedingung: $Z(x) = 0$

$$0 = x^2 - 12x - 6 \quad (p = -12,\ q = -6)$$

(die pq-Formel wird hier übersprungen, nachlesbar ist sie in Band 1)

$$x_{1/2} = 6 \pm 6{,}48$$

$$x_1 = 12{,}48 \quad x_2 = -0{,}48$$

Die beiden Nullstellen befinden sich also an den Stellen N_1 (12,48/0) und N_2 (-0,48/0).

Problematisch wird es immer dann, wenn man die pq-Formel nicht anwenden kann, also bei Funktionen mit einem Grad höher als zwei. In diesem Fall sind wir auf die Polynomdivision angewiesen. Für die Polynomdivision müssen wir eine Nullstelle durch Raten finden.

Doch was, wenn wir mit dem Ausprobieren von möglichen Nullstellen keinen Erfolg haben?

Das Newton-Verfahren

Wir sind oft mit dem Problem konfrontiert, dass wir Nullstellen bei einer Funktion 3. (oder höheren) Grades berechnen müssen. Um jedoch erfolgreich die Polynomdivision durchführen zu können, brauchen wir eine Nullstelle. Diese müssen wir durch raten und probieren suchen. Oft finden wir jedoch erst nach mehreren Versuchen eine Lösung.

Solange es sich bei der gesuchten Nullstelle um eine ganze Zahl handelt, ist das Raten kein Problem. Wenn dies jedoch nicht der Fall ist und der Definitionsbereich alle reelen Zahlen einschließt, haben wir bei der exakten Nullstellenbestimmung durch Probieren ein Problem.

Für genau diese Problemstellung fand vor einiger Zeit der Physiker Newton eine Lösung. Er entwickelte eine Formel, mit der man die Nullstellen mathematisch berechnen kann.

So sieht die Formel aus:

$$x_{n+1} = x_n - \frac{f(x_n)}{f'(x_n)}$$

Die „einfache geometrische Interpretation“ dieses Verfahrens lautet übrigens so:

„Die Tangente an dem Graphen von f im Punkt $(x_n/f(x_n))$ wird bis zur x-Achse verfolgt, um den nächsten Schätzwert x_{n+1} zu bestimmen.
Die Tangente an dem Graphen von f im Punkt $(x_{n+1}/f(x_{n+1}))$ verfolgt, um den nächsten Schätzwert x_{n+2} zu bestimmen...“

Das haben wir ja jetzt hoffentlich alle verstanden, oder? - Nein? - Glück gehabt, ich kann mit dieser Erklärung auch wenig anfangen.

Bevor ich mit der Erklärung anfange, brachen wir noch eine Funktion, an der wir das Verfahren ausprobieren. Nehmen wir doch einfach noch ein mal:

$$f(x) = x^2 - 12x - 6$$

Als erstes müssen wir die erste Ableitung unserer Funktion bilden.

$$f'(x) = 2x - 12$$

Jetzt wählen wir einen x-beliebigen Wert aus, den wir in die Formel einsetzen. Es ist völlig egal, wie groß, oder wie klein, dieser Wert ist.

Nehmen wir als ersten Wert einfach einmal die Zahl 10.

$$x_1 = 10$$

Nun setzten wir die 10 in die Formel ein.

$$\begin{aligned} x_2 &= x_1 - \frac{f(x_1)}{f'(x_1)} \\ &= 10 - \frac{f(10)}{f'(10)} \\ &= 10 - \frac{(10)^2 - 12(10) - 6}{2(10) - 12} \\ &= 10 - \frac{100 - 120 - 6}{20 - 12} \\ &= 10 - \frac{-26}{8} \\ &= 13{,}25 \end{aligned}$$

Wir haben jetzt x_2 bestimmt. Damit sind wir aber noch nicht an der Endlösung angelangt. Um die gesuchte Nullstelle zu finden, müssen wir x_2 jetzt abermals in die Formel einsetzen. Das Ergebnis wird dann abermals als x_3 eingesetzt. Wir sind erst dann am Ende angelangt, wenn x_n und x_{n+1} sich nicht mehr unterscheiden. Je nach Mathelehrer, müssen dazu eine bestimmte Anzahl an „Nachkommastellen" (beispielsweise vier) gleich sein.

x_2	13,2500
x_3	12,5217
x_4	12,4808
x_5	12,4807
x_6	12,4807

Wie wir sehen, bleibt der x-Wert am Ende gleich. Wir haben also die „exakte" Nullstelle gefunden.

Der y-Achsenabschnitt

Anders als bei der Berechnung der Nullstellen nutzen wir bei der Bestimmung des y-Achsenabschnitts die gesamte gebrochenrationale Funktion. Wie schon bei der Rechnung mit ganzrationalen Funktionen setzten wir x gleich Null und bestimmen den Schnittpunkt der Funktion mit der y-Achse.

$$f(x) = \frac{-12x + x^2 - 6}{x^3 + 3}$$

Bedingung: $x = 0$

$$f(0) = \frac{-12(0) + (0)^2 - 6}{(0)^3 + 3}$$

$$f(0) = \frac{-6}{+3} = -2$$

Der y-Achsenabschnitt liegt also an der Stelle S_y (0/-2).

Bei gebrochenrationalen Funktionen kann es unter Umständen auch passieren, dass die Funktion an keiner Stelle die y-Achse schneidet. Dass ist immer dann der Fall, wenn der Nenner an der Stelle $x = 0$ Null wird. In diesem Fall ist die Null kein Element der Funktion.

$$ID = IR / \{0\}$$

Die notwendige Bedingung $x = 0$ kann somit nicht erfüllt werden.

Wenn also die Null kein Element unseres Definitionsbereichs ist, dann können wir automatisch schlussfolgern, dass unsere Funktion über keinen y-Achsenabschnitt verfügt.

Untersuchung auf Standardsymmetrie

Wer glaubt, dass gebrochene Funktionen nicht achsen- oder punktsymmetrisch sein können, der irrt. Genau wie bei ganzrationalen Funktionen können wir auch die gebrochenrationale Funktionen auf die Standardsymmetrie hin untersuchen. Wie immer gibt es drei Möglichkeiten:

Funktion kann…

achsensymmetrisch…
punktsymmetrisch…
nicht symmetrisch…

sein.

Aus Band 1 wissen wir, dass der Graph immer dann achsensymmetrisch ist, wenn alle Exponenten der Funktion gerade sind. Im Falle, dass alle Exponenten ungerade sind, ist der Graph punktsymmetrisch. Wenn die Funktion sowohl über ungerade als auch gerade Exponenten verfügt, liegt keine Standardsymmetrie vor. Das Problem, dass wir bei gebrochenen Funktionen haben, ist, dass die Funktion aus zwei Funktionen besteht (N(x), Z(x)).

a) Achsensymmetrie bei gebrochenrationalen Funktionen

Anders als bei den ganzrationalen Funktionen gibt es bei den gebrochenen Funktionen zwei Fälle, bei denen die Funktion achsensymmetrisch ist.

Wenn alle Exponenten, sowohl im Zähler als auch im Nenner, gerade sind, ist die Funktion symmetrisch zum Ursprung.

$$\frac{+}{+} = +$$

Zusätzlich zu diesem Fall herrscht auch immer dann Achsensymmetrie, wenn alle Exponenten ungerade sind.

$$\frac{-}{-} = +$$

Achtung:
Viele Schüler gehen in diesem Fall irrtümlich von Punktsymmetrie aus und verschenken wertvolle Punkte!!

b) Punktsymmetrie von gebrochenrationalen Funktionen

Die gebrochene Funktion ist immer dann punktsymmetrisch, wenn entweder die Exponenten der Funktion des Nenners oder der des Zählers gerade sind. Die jeweils andere Funktion muss dann ungerade sein.

$$\frac{+}{-} = -$$

$$\frac{-}{+} = -$$

Als kleine Hilfe kannst Du auch diese Tabellen nutzen:

N(x) \ Z(x)	+	-
+	+	-
-	-	+

N(x) \ Z(x)	AS	PS
AS	AS	PS
PS	PS	AS

c) Keine Standardsymmetrie

Wenn es im Nenner oder im Zähler sowohl gerade und als auch ungerade Exponenten gibt, dann liegt keine Standardsymmetrie vor.

Damit ist auch dieses Kapitel abgeschlossen.

Ableitung von gebrochenrationalen Funktionen

Gebrochenrationale Funktionen können wir nicht mit der Hilfe der uns bekannten vier Regeln der Differenzialrechnung ableiten. Um die gebrochenen Funktionen zu differenzieren, brauchen wir eine weitere, eine fünfte Ableitungsregel. Um Funktionen abzuleiten, die aus einem Quotienten aus zwei Funktionen bestehen, hat der Mathematiker die Quotientenregel geschaffen. Mit ihr können wir auch „Bruchfunktionen“ ableiten.

$$f(\mathrm{x}) = \frac{\mathrm{u(x)}}{\mathrm{v(x)}}$$

Um die Herleitung der Quotientenregel beschäftigen wir uns genau so wenig wie mit der Herleitung der anderen Regeln der Differenzialrechnung. Stattdessen gehen wir direkt zur Theorie der Quotientenregel über.

Auch die Quotientenregel kann man am besten anhand eines Beispiel erklären.

$$f(\mathrm{x}) = \frac{\mathrm{x}^4 - 3\mathrm{x}^2 + 2}{\mathrm{x}^2 - 1}$$

Die zusammengesetzte Funktion besteht aus der Nennerfunktion (u(x)) und der Zählerfunktion (v(x)). Aus diesen beiden Funktionen setzt sich die Ableitung für f(x) zusammen.

Die Quotientenregel sieht so aus:

$$f'(\mathrm{x}) = \frac{\mathrm{u'(x)} \bullet \mathrm{v(x)} - \mathrm{u(x)} \bullet \mathrm{v'(x)}}{(\mathrm{v(x)})^2}$$

Wie wir sehen, ähnelt die Nennerfunktion sehr der Produktregel.

Wie hieß es doch so schön?

„Die erste Ableitung der ersten Funktion (u‘(x)) wird mit der zweiten Funktion (v(x)) multipliziert. Gleichzeitig bilden wir ein Produkt aus der ersten Ableitung der zweiten Funktion (v‘(x)) und der ersten Funktion (u(x)).“

Es ist fast alles gleich. Statt jedoch die beiden Teilergebnisse miteinander zu addieren, bilden wir die Differenz. Diese wird dann durch die Nennerfunktion, die ihrerseits quadriert wird, geteilt. Wir erhalten die Ableitung der Funktion f(x).

Übrigens: Eine einfachere Methode gibt es nicht.

Doch kommen wir nun zur Praxis:

1. Ableitungen von den beiden Teilfunktionen bilden

$$u(x) = x^4 - 3x^2 + 2$$
$$u'(x) = 4x^3 - 6x$$

$$v(x) = x^2 - 1$$
$$v'(x) = 2x$$

2. Teilergebnisse der Nennerfunktion berechnen

$$u'(x) \bullet v(x) = (4x^3 - 6x) \bullet (x^2 - 1)$$
$$u'(x) \bullet v(x) = 4x^5 - 10x^3 + 6x$$

$$v'(x) \bullet u(x) = 2x \bullet (x^4 - 3x^2 + 2)$$
$$v'(x) \bullet u(x) = 2x^5 - 6x^3 + 4x$$

3. Differenz der Teilergebnisse bilden

$$Z'(x) = 4x^5 - 10x^3 + 6x - (2x^5 - 6x^3 + 4x)$$

ACHTUNG! NEGATIVE KLAMMER!

$$Z'(x) = 4x^5 - 10x^3 + 6x - 2x^5 + 6x^3 - 4x$$
$$Z'(x) = 2x^5 - 4x^3 + 2x$$

4. Ergebnis präsentieren

$$f'(x) = \frac{2x^5 - 4x^3 + 2x}{(x^2 - 1)^2}$$

Damit ist die Funktion abgeleitet. In der Regel formt man die Nennerfunktion nicht mit den binomischen Formeln um, da man mit dieser Lösung gut weiter rechnen kann. So kann von hier aus gut die zweite und dritte Ableitung bestimmt werden.

Linearfaktorzerlegung

Damit bestimmte Eigenschaften gebrochenrationaler Funktionen sichtbar werden, müssen wir die Funktionen in Linearfaktoren zerlegen. Dabei wenden wir die Linearfaktorzerlegung an.

$$f(x) = \frac{2x^3 - 2x^2 - 12{,}5x + 12{,}5}{x^3 + 2x^2 - 3x}$$

Um die Funktion in linearen Faktoren darzustellen, müssen wir die Nullstellen der Zähler- und Nennerfunktion berechnen. Anschließend werden die beiden Funktionsteile als Produkte ersten Grades dargestellt.

1) Nullstellen des Zählers finden

$$0 = 2x^3 - 2x^2 - 12x + 12{,}5 \quad | : 2$$

Durch raten: $x_1 = 1$

$$\begin{array}{l} (2x^3 - 2x^2 - 12x + 12{,}5) : (x - 1) = 2x^2 - 12{,}5 \\ \underline{-(2x^3 - 2x^2)\qquad\qquad} \\ \qquad\qquad - 12{,}5x \\ \qquad\quad \underline{-(-12{,}5x + 12{,}5)} \\ \qquad\qquad\qquad 0 \end{array}$$

$$0 = 2x^2 - 12{,}5 \quad | : 2$$
$$0 = x^2 - 6{,}25$$

Als weitere Nullstellen erhalten wir mithilfe der pq-Formel: $x_2 = -2{,}5$, $x_3 = 2{,}5$

Jetzt müssen wir die Nullstellen nur noch als Linearfaktoren darstellen. Das geht so:

$x_1 = 1 \quad \text{->} (x - 1)$
$x_2 = -2{,}5 \text{->} (x + 2{,}5)$
$x_3 = 2{,}5 \text{->} (x - 2{,}5)$

Das Vorzeichen der Nullstelle wird bei der Darstllung als Linearfaktor ins Gegenteil verkehrt. Das Produkt des Zählers sieht somit so aus:

$$Z(x) = (x - 1)\,(x + 2{,}5)\,(x - 2{,}5) \bullet 2$$

Achtung:
Da wir bei der pq-Formel die Funktion durch zwei geteilt haben, müssen wir sie jetzt wieder mit zwei multiplizieren. Erst dann ist das Ergebnis auch mathematisch korrekt!

2) Nullstellen des Nenners finden

$$0 = x^3 + 2x^2 - 3x$$

Wie wir sehen können, gibt es im Nenner kein konstantes Glied. Aus diesem Grund können wir x ausklammern.

$$0 = x\,(x^2 + 2x - 3)$$

$$x1 = 0 \textbf{ und } x^2 + 2x - 3 = 0$$

Mit der Hilfe der pq-Formel können wir jetzt die anderen Nullstellen berechnen.

$$x_2 = 1,\ x_3 = -3$$

Auch diese Nullstellen können wir als Linearfaktoren darstellen.

$$N(x) = x\,(x - 1)\,(x + 3)$$

Daraus folgt:

$$f(x) = \frac{(x + 2{,}5)\,(x - 2{,}5)\,(x - 1) \bullet 2}{x\,(x - 1)\,(x + 3)}$$

Damit ist die gesamte Funktion in Linearfaktoren zerlegt.

Hebbare und nicht hebbare Definitionslücken

Eine Definitionslücke ist eine Stelle, an der die Funktion nicht definiert ist. Dabei unterscheidet man zwischen hebbaren und nicht hebbaren Definitions-lücken.

1. hebbare Definitionslücken

Eine hebbare Definitionslücke erkennt man daran, dass es den selben Linearfaktor sowohl in der Nennerfunktion, als auch in der Zählerfunktion gibt.

$$f(x) = \frac{(x + 2{,}5)\,(x - 2{,}5)\,(x - 1)}{x\,(x - 1)\,(x + 3)}$$

Wie wir sehen, kommt (x - 1) im Nenner und im Zähler vor. Da bei der Linearfaktorzerlegung die Nenner- und Zählerfunktion zu Produkten umgeformt werden, dürfen wir zur Vereinfachung der Rechnung kürzen.

Achtung: Gekürzt werden darf generell nur bei Produkten, denn:

„Aus SUMMEN kürzen nur die DUMMEN!“

$$f(x) = \frac{(x + 2{,}5)\,(x - 2{,}5)\,\cancel{(x - 1)}}{x\,\cancel{(x - 1)}\,(x + 3)}$$

Der gekürzte Funktionsterm ist jetzt auch an der Stelle x = 1 definiert.

Achtung:
Der Definitionsbereich von $f(x)$ ändert sich dadurch nicht!

Antwort für den Mathematiklehrer:
„An der Stelle x = 1 hat die Funktion eine hebbare Definitionslücke!“

2. nicht hebbare Definitionslücken

Nicht hebbare Definitionslücken sind Nullstellen, die nur im Nenner auftauchen und somit nicht „weggekürzt“ werden können.

$$f(x) = \frac{(x + 2{,}5)\,(x - 2{,}5)\,\cancel{(x - 1)}}{\underline{x}\,\cancel{(x - 1)}\,\underline{(x + 3)}}$$

hebbare Definitionslücke

nicht hebbare Definitionslücken

Antwort für den Lehrer:
„Die Stellen x = 0 und x = -3 sind nicht hebbare Definitionslücken.“

Die Asymptotenfunktion

Asymptoten beschreiben, wie sich die Funktion verhält, wenn x unendlich groß oder unendlich klein wird. Jede gebrochenrationale Funktion hat eine Asymptotenfunktion. Anders ausgedrückt: Als eine Asymptote bezeichnen wir eine Funktion A(x), an der sich die Ursprungsfunktion $f(x)$ annähert. Beide Funktionen schneiden sich jedoch in keinem Punkt (bei hinreichend großem oder kleinen x). Die Asymptotenfunktion ist dabei immer ganzrational.

Um die Asymptote zu berechnen, führen wir eine Division durch. Wir teilen die Funktion des Zählers Z(x) durch die Funktion des Nenners N(x).

Das Verfahren führen wir jetzt an zwei Beispielen durch.

a) Beispiel 1

$$f(x) = \frac{2x^3 - 6x}{x^2 - 4}$$

$$\begin{array}{l} (2x^3 - 6x) : (x^2 - 4) = 2x + \dfrac{2x}{x^2 - 4} \quad \leftarrow \text{Rest} \\ \underline{-(2x^3 - 8x)} \\ \quad\;\; + 2x \end{array}$$

Wie wir sehen, erhalten wir einen Term als „Rest“. Eine weitere Division ist nicht sinnvoll, da der Grad der Nennerfunktion höher ist als als der Grad des Zählers.

Der Term vor diesem „Rest“ ist die Asymptote. Um dies zu zeigen, führen wir eine Grenzwertbetrachtung durch. Wir lassen x unendlich groß oder unendlich klein werden.

$$\lim_{x \to \pm\infty} (f(x)) = \left(2x + \frac{2x}{x^2 - 4}\right) = 2x$$

Wenn wir x unendlich groß und unendlich kein machen, dann wird der „Restwert“ immer unendlich klein, also „fast gleich 0“. Er ist somit bedeutungslos. Das Ergebnis lautet somit:

$$A(x) = 2x$$

Die Asymptotenfunktion können wir auch wieder zeichnen.

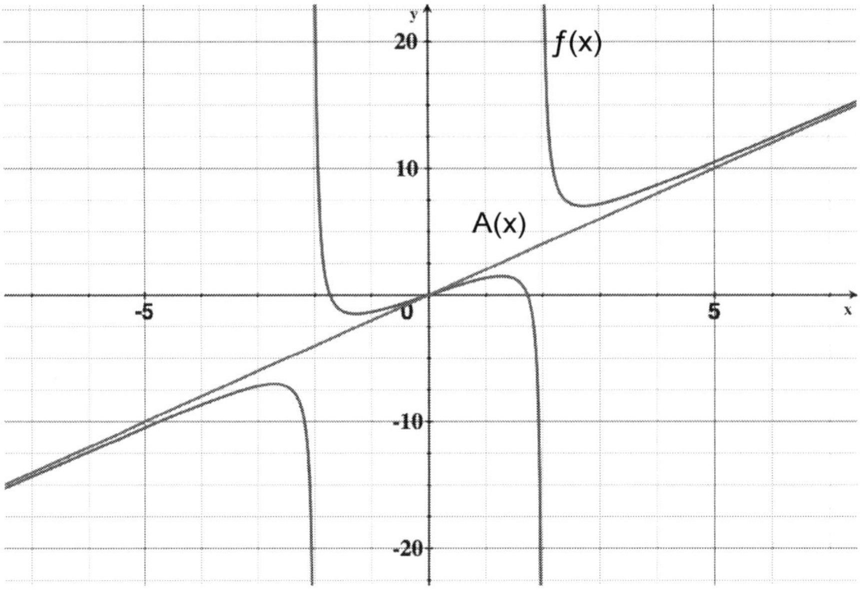

b) Beispiel 2

$$f(x) = \frac{2x^2 - 2x^2 - 12{,}5x + 12{,}5}{x^4 + 2x^2 - 3x}$$

Da der Grad der Nennerfunktion größer ist als der Grad der Zählerfunktion ist eine Division nicht sinnvoll. Aus diesem Grund können wir sofort die Grenzwertbetrachtung durchführen.

$$\lim_{x->\pm\infty}(f(x)) = \left(\frac{2x^2 - 2x^2 - 12{,}5x + 12{,}5}{x^4 + 2x^2 - 3x}\right) = 0$$

Wir stellen fest, dass die x-Achse die Asymptote ist (A(x) = 0).

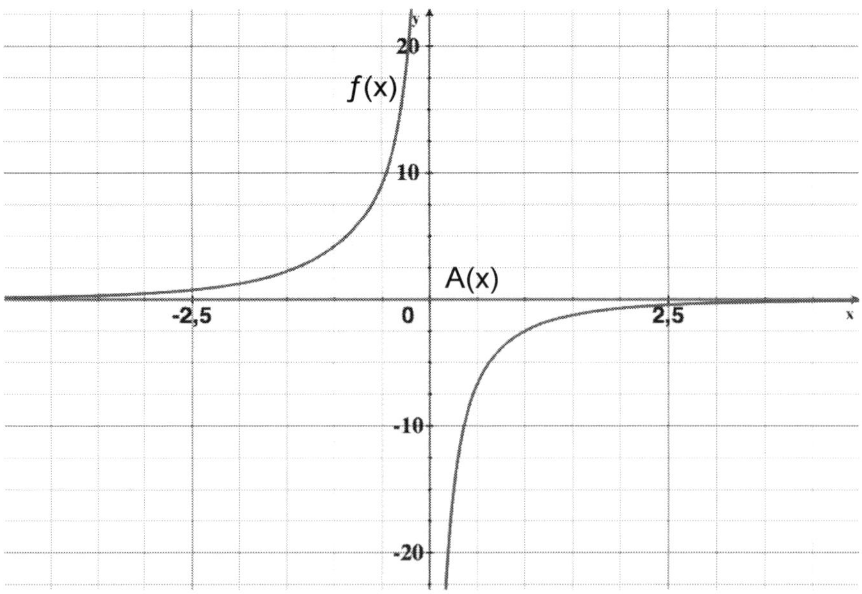

Polstellen

Polstellen bezeichnen wir als Graden, an die sich die Funktion asymptotisch annähert. Anders als die Asymptote verläuft eine Polstelle jedoch immer parallel zur y-Achse. Wenn x gegen diese Polstelle x_p strebt, dann strebt $f(x)$ ins positive oder negative Unendliche.

Wie erkennen wir also eine Polstelle?

Mathematisch korrekt ausgedrückt:
An einer Polstelle ist die Funktion des Zählers $Z(x) \neq 0$ und die Funktion des Nenners $N(x) = 0$.

Dass heißt auf Deutsch:
Wir nehmen die Funktion in Linearfaktorschreibweise und kürzen. Die noch verbleibenden Linearfaktoren des Nenners sind die Polstellen.

$$f(x) = \frac{(x + 2{,}5)\,(x - 2{,}5)\,\cancel{(x - 1)}}{x\,\cancel{(x - 1)}\,(x + 3)}$$

Polstellen

$$x_{p1} = 0,\ x_{p2} = -3$$

Im Graphen werden die Polstellen durch gestrichelte Graden dargestellt.

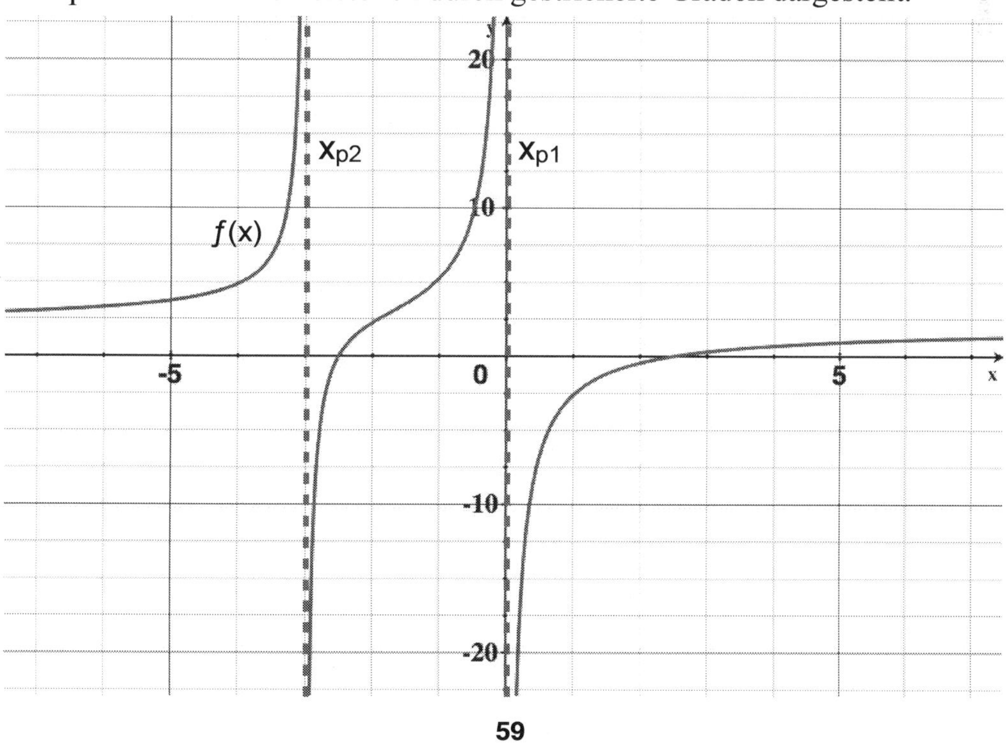

Bei Polstellen unterscheiden wir zwischen Polstellen mit oder ohne Vorzeichenwechsel (VZW). Dabei betrachten wir, wie oft ein Linearfaktor im Nenner vorkommt.

Wir unterscheiden zwischen…

- gerader (2, 4, 6, 8, 10, …) und
- ungerader (1, 3, 5, 7, 9, …) Häufigkeit.

Bei ungradzahligem Auftreten wie im Beispiel, also x^1 oder $(x + 3)^1$, haben wir einen Vorzeichenwechsel.

Ist das Auftreten dagegen gradzahlig, gibt es eine Polstelle ohne VZW.

Ablauf einer „gebrochenen“ Kurvendiskussion

Wie bei der „normalen“ Kurvendiskussion gibt es auch bei der Rechnung mit gebrochenrationalen Funktionen einen typischen Ablauf. Es ist eine Art von vielen, wie man die vorgehen kann. Ich persönlich bin immer dankbar, wenn man mir genau sagt, wie man vorgehen kann. Aus diesem Grund zeige ich Dir hier eine Möglichkeit eine Kurvendiskussion durchzuführen.

a) „klassische“ Betrachtung

1. Definitionsbereich eingrenzen
2. Symmetrieverhalten überprüfen
3. Nullstellen der Funkion bestimmen
4. Linearfaktorzerlegung durchführen
5. (Definitions-) Lücken berechnen
6. Polstellen finden
7. Asymptote berechnen
8. Graph zeichnen

b) „erweiterte“ Betrachtung

1. - 7. wie bei der „klassischen“ Betrachtung

8. Ableitungen bilden
9. Extremstellen suchen
10. Wendestellen berechnen
11. sonstiges (Tangenten etc.)
12. Graph zeichnen

Angewandte Kurvendiskussion:

Die ökonomische Anwendung

KAPITEL IV

Einer der möglichen Anwendungsbereiche der Kurvendiskussion ist die Wirtschaft (ökonomische Anwendung). Diesen Bereich möchte ich besonders beleuchten, da er in der heutigen Zeit spätestens im Berufsleben für viele von uns sehr wichtig wird. Solltest Du nach der Beendigung deiner Schullaufbahn „irgendetwas mit Wirtschaft“ machen wollen, sei es bei der Ausbildung oder im Studium, kommst Du um diesen mathematischen Anwendungsbereich nicht herum. In fast jedem Berufsbild ist die ökonomische Anwendung in der heutigen Zeit ein fester Bestandteil. Immer geht es um die anfallenden Kosten, den Erlös und die Berechnung des Gewinns.

Da Du also früher oder später sowieso über das Thema stolpern wirst, erkläre ich es Dir einfach schon jetzt.

Einführung in die ökonomische Anwendung

Wie auch bei anderen mathematischen Themen, ist es auch bei der Rechnung mit ökonomischen Anwendungen am einfachsten, wenn man sich auf ein konkretes Beispiel beziehen kann.

Beispiel:

Bauer Fritz verkauft Bio-Kartoffeln. Aufgrund der guten Qualität kann Fritz seine Ware zu sehr hohen Preisen an seine Kunden verkaufen. Neben seinen Lieferungen an Feinkostläden verkauft er seine Kartoffeln neben anderen Bioprodukten auf seinem Hof. Beim Verkauf hat er festgestellt, dass bei unterschiedlichen Preisen unterschiedlich viel verkauft. Während bei hohen Preisen wenige kaufen, ist er bei besonders niedrigen Preisen schnell ausverkauft. Beim Verkauf hat er folgende Zahlen ermittelt:

Preis/Kilo	7,20 €	7,00 €	6,60 €	6,20 €	5,80 €
Absatz	20kg	40kg	60kg	80kg	100kg

Neben diesen Verkaufszahlen hat Fritz auch eine Kostenfunktion erstellt:

$$K(x) = 0{,}001x^3 - 0{,}1x^2 + 5x + 80$$

Jetzt will Fritz wissen, bei welcher Produktmenge er den maximalen Gewinn machen kann. Er hat gehört, dass man das berechnen kann. Auch will er wissen, welchen Preis er verlangen sollte, um gut zu wirtschaften.

Preisabsatz- und Erlösfunktion

Bevor wir den Gewinn berechnen können, müssen wir uns mit der Preisabsatzfunktion $p_A(x)$ beschäftigen. Die Preisabsatzfunktion ist nichts anderes als die Umformung der Tabelle, die Bauer Fritz aufgestellt hat. Ziel ist es jetzt die Tabelle in eine Funktion umzuformen. Mit dieser Funktion lässt sich dann die Erlösfunktion errechnen.

Die Preisabsatzfunktion ist eine Funktion ersten Grades. Ihre allgemeine Form muss also so aussehen:

$$p_A(x) = mx + b$$

Aus Band 1 wissen wir:
m ist die Steigung und b der y-Achsenabschnitt.

Da uns eine Formel für b fehlt, müssen wir als erstes die Steigung m berechnen.

Die Formel zur Berechnung der Steigung lautete:

$$m = \frac{y_2 - y_1}{x_2 - x_1}$$

Oder anders ausgedrückt:

$$m = \frac{\Delta y}{\Delta x}$$

Die Steigung m ist gleich „Delta" y durch „Delta" x. Ich hoffe, Du erinnerst dich.

Um jetzt die Steigung zu berechnen, brachen wir lediglich zwei beliebige Wertepaare aus der Wertetabelle auszusuchen.

$$P_1\ (20/7{,}40) \text{ und } P_2\ (40/7)$$

Diese Werte setzen wir jetzt in die Funktion ein.

$$m = \frac{7{,}4 - 7}{40 - 20}$$

$$m = -0{,}02$$

Die Steigung unserer Preisabsatzfunktion beträgt also -0,02. Um die Preisabsatzfunktion zu vervollständigen, müssen wir jetzt nur noch b berechnen.

$$p_A(x) = -0{,}02x + b$$

Um b zu berechnen, setzen wir einen beliebigen Punkt in die Funktion ein.

$$p_A(x) = -0{,}02x + b \quad | \; P_1\,(20/7{,}40)$$
$$7{,}40 = -0{,}02 \bullet (20) + b$$
$$7{,}40 = -0{,}4 + b$$
$$7{,}80 = b$$

Damit haben wir die komplette Preisabsatzfunktion bestimmt.

$$p_A(x) = -0{,}02x + 7{,}80$$

Mithilfe der Preisabsatzfunktion können wir die Erlösfunktion berechnen.

Die Erlösfunktion berechnet man, indem man die Preisabsatzfunktion mit x multipliziert.

$$E(x) = p_A(x) \bullet x$$
$$= (-0{,}02x + 7{,}80) \bullet x$$
$$= -0{,}02x^2 + 7{,}80x$$

$$E(x) = -0{,}02x^2 + 7{,}80x$$

Damit haben wir auch die Erlösfunktion bestimmt. Zum Abschluss dieses Kapitels müssen wir beiden Funktionen nur noch zeichnen.

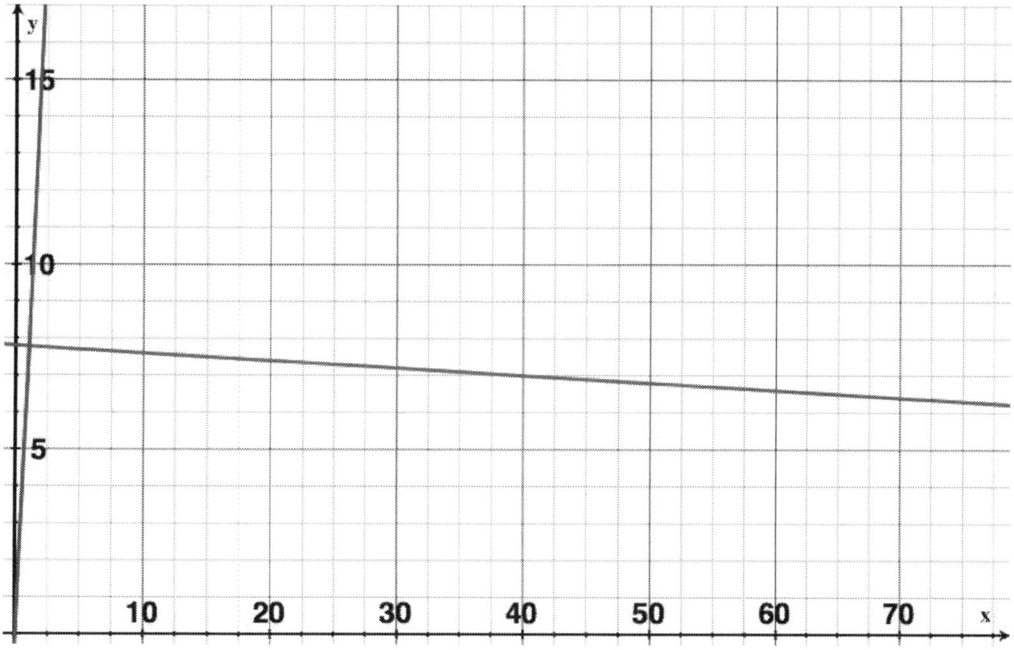

Der ökonomische Definitionsbereich

Mithilfe der Erlösfunktion können wir den Definitionsbereich einschränken. Beispielsweise kann der Erlös generell nicht negativ sein. Wenn wir nichts verkaufen, machen wir keinen Erlös. Weniger als nichts gibt es in er ökonomischen Rechnung nicht. Mit dieser Einschränkung sind viele der reellen Zahlen nicht im Definitionsbereich.

Die Erlösfunktion hat nicht nur einen Anfang (Erlösschwelle), sondern auch eine Grenze (Erlösgrenze). Diese Grenzen können wir berechnen.

Zur Berechnung des ökonomischen Definitionsbereichs $D_{ÖK}$ müssen wir die Erlösfunktion gleich Null setzen.

$$E(x) = 0$$
$$0 = -0{,}02x^2 + 7{,}8x$$

Jetzt müssen wir die Gleichung nur noch auflösen.

$$0 = -0{,}02x^2 + 7{,}8x \quad | - 7{,}8x$$
$$7{,}8x = -0{,}02x^2 \quad | : (-0{,}02x)$$
$$x = 390$$

Unsere Erlösgrenze liegt also bei 390 Einheiten.

Zu guter letzt müssen wir die Erlösschwelle und die Erlösgrenze noch als Einschränkungen in den Definitionsbereich einsetzen.

Es gilt die allgemeine Formel:

$$D_{ÖK} \text{ [Erlösschwelle ; Erlösgrenze]}$$

Auf unser Beispiel bezogen heißt das also:

$$D_{ÖK} [0 ; 360]$$

Nutzenschwelle und Nutzengrenze

Nachdem wir die Preisabsatzfunktion und die Erlösfunktion berechnet haben, können wir nun die Nutzenschwelle und Nutzengrenze ausrechnen.

Ab wann lohnt sich die Produktion?

Mit genau dieser Frage wollen wir uns jetzt beschäftigen.

Als Nutzenschwelle bezeichnet man den Punkt, an dem alle anfallenden Kosten durch die Erlöse gedeckt sind. An diesem Punkt machen wir zum ersten mal keine Verluste mehr. An diesem Punkt sind die Erlöse gleich den Kosten. Es gibt somit weder Verluste noch Gewinne.

Die Nutzengrenze ist der Punkt, an dem die Erlöse die Kosten wieder „einholen". Ab hier ist der Verkauf unrentabel.

Wie also berechnen wir die Nutzenschwelle und die Nutzengrenze?

Um die Nutzenschwelle und Nutzengrenze zu berechnen, müssen wir die Erlösfunktion E(x) mit der Kostenfunktion K(x) gleichsetzen.

$$E(x) = K(x)$$
$$-0{,}02x^2 + 7{,}80x = 0{,}001x^3 - 0{,}1x^2 + 5x + 80$$

Als erstes sollten wir die Gleichung umformen und vereinfachen.

$$0{,}001x^3 - 0{,}08x^2 - 2{,}8x + 80 = 0 \quad |: 0{,}001$$
$$x^3 - 80x^2 - 2.800x + 80.000 = 0$$

Durch Raten erhalten wir die Schnittstelle $x_1 = 20$. Mit ihr können wir jetzt die Polynomdivision durchführen.

$$(x^3 - 80x^2 - 2.800x + 80.000) : (x - 20) = x^2 - 60x - 4000$$
$$\underline{-(x^3 - 20x^2)}$$
$$-60x^2$$
$$\underline{-(-60x^2 + 1.200x)}$$
$$-4.000x$$
$$\underline{-(-4.000x + 80.000)}$$
$$0$$

Jetzt können wir mit der pq-Formel die weiteren x-Werte berechnen.

Bedingung: $f(x) = 0$

$$0 = x^2 - 60x - 4.000$$

$$x_{2/3} = -\left(\frac{p}{2}\right) \pm \sqrt{\left(\frac{p}{2}\right)^2 - q}$$

$$= 30 \pm \sqrt{(900 + 4.000)}$$

$$= 30 \pm 70$$

$$x_2 = -40 \quad x_3 = 100$$

Achtung aufgepasst:
x2 ist ein negativer Wert. Wir können jedoch keine negativen Güter produzieren. Außerdem ist $x_2 = -40$ kein Element unseres ökonomischen Definitionsbereichs $D_{ÖK}$.

$$x_2 = -40 \notin D_{ÖK}$$

Als Schnittpunkte kommen somit nur $x_1 = 20$ und $x_2 = 100$ in Frage. Damit aus den x-Werten Koordinaten werden, müssen wir sie in eine der beiden Funktionen einsetzen. Wir erhalten die dazugehörigen y-Koordinaten.

Ich persönlich wähle immer gerne die Erlösfunktion. Wenn Du lieber die Kostenfunktion nutzen willst, so entstehen auch keine Probleme. Die Ergebnisse sind bei beiden Funktionen gleich.

Setzen wir die beiden x-Werte also in die Erlösfunktion ein.

$$E(20) = -0{,}02 \cdot (20)^2 + 7{,}80 \cdot (20)$$
$$= -8 + 156$$
$$= 148$$

$$E(100) = -0{,}02 \cdot (100)^2 + 7{,}80 \cdot (100)$$
$$= -200 + 780$$
$$= 580$$

Die exakten Koordinaten für die Schnittpunkte lauten also:

$S_1(20/148)$ und $S_2(100/580)$

Abschließend müssen wir die beiden Punkte nur noch zuordnen.

Der erste Schnittpunkt der Erlös- und der Kostenfunktion ist der Punkt S_1. Aus diesem Grund muss es sich hier um die Nutzenschwelle handeln.

$20 < 100$ –> S_1 = **Nutzenschwelle**

Demzufolge kann S_2 nur die Nutzengrenze sein.

$100 > 20$ –> S_2 = **Nutzengrenze**

Wir haben jetzt erfolgreich die Nutzenschwelle und die Nutzengrenze berechnet. Um auch dieses Kapitel abzuschließen, fehlt uns nur noch einen Graphen, auf dem man die Nutzenschwelle und Grenze sehen kann.

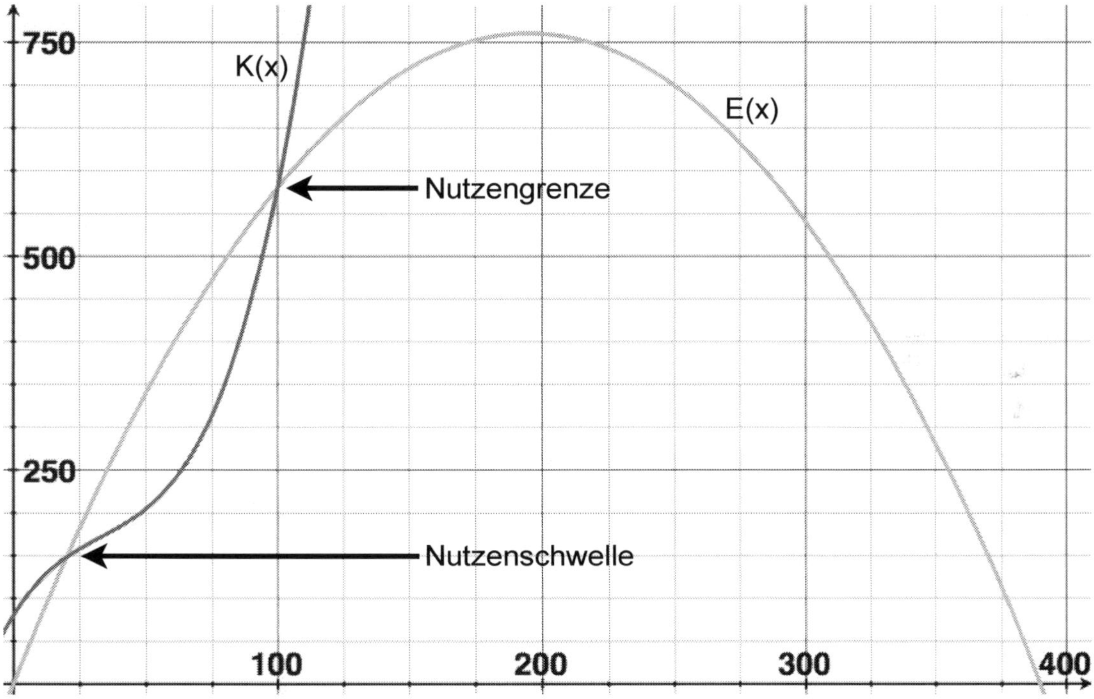

Weiter geht es jetzt mit der Gewinnfunktion.

Die Gewinnfunktion

Wie Du sicherlich weißt, ist der Gewinn nichts anders als der Erlös abzüglich aller anfallenden Kosten. Um nun also die Gewinnfunktion aufzustellen, müssen wir von der Erlösfunktion E(x) die Kostenfunktion K(x) abziehen.

$$G(x) = E(x) - K(x)$$
$$G(x) = (-0{,}02x^2 + 7{,}80x) - (0{,}001x^3 - 0{,}1x^2 + 5x + 80)$$

Als erstes lösen wir die Klammer auf.

Achtung Fehler:
Vor der zweiten Klammer steht ein negatives Vorzeichen. Beim Auflösen der Klammer ändern sich deshalb sämtliche Vorzeichen ins Gegenteil. Aus Plus wird Minus und aus Minus Plus. Bei diesem eigentlich so einfachen Verfahren handelt es sich um einen sehr häufigen Fehler. Deshalb aufgepasst!!

$$G(x) = -0{,}02x^2 + 7{,}80x + 0{,}001x^3 + 0{,}1x^2 - 5x - 80$$
$$= -0{,}001x^3 + 0{,}08x^2 + 2{,}8x - 80$$

Als erstes müssen wir die Nullstellen der Gewinnfunktion ermitteln. Um sie zu berechnen gibt es zwei Verfahren. Wir können entweder die klassische Polynomdivision und anschließend die pq-Formel durchführen, oder aber auf die Nutzenschwelle und Nutzengrenze zurückgreifen, sofern wir sie denn berechnet haben.

Der Gewinn ist immer dann gleich Null, wenn die Kosten und der Erlös gleich sind. Sind die Kosten größer als der Gewinn, entstehen Verluste. Wenn die Erlöse jedoch größer sind, als die Kosten, dann macht das Unternehmen Gewinn. Nutzenschwelle und Nutzengrenze haben also die selben x-Werte wie die Gewinnschwelle und die Gewinngrenze.

Die Punkte, an dem Kosten und Erlöse gleich sind, haben wir bereit berechnet. Um nun die Nullstellen der Gewinnfunktion zu bestimmen, können wir auf die Nutzenschwelle und die Nutzengrenze zurückgreifen.

$$S_1(20/148)$$
$$S_2(100/580)$$

Um nun die Nutzenschwelle und die Nutzengrenze in die Gewinnschwelle umzuwandeln, müssen wir lediglich die y-Werte durch Nullen ersetzen. Wir erhalten die Nullstellen der Gewinnfunktion.

$S_1(20/148)$ –> $N_1(20/0)$
$S_2(100/580)$ –> $N_2(100/0)$

Wie ich schon erwähnte, nennt der Mathematiker die beiden Nullstellen der Gewinnfunktion Gewinnschwelle und Gewinngrenze. Die erste Nullstelle (der kleinere x-Wert) ist immer die Gewinnschwelle, der zweite Nullstelle ist damit die Gewinngrenze.

$20 < 100$ –> N_1 = **Gewinnschwelle**
$100 > 20$ –> N_2 = **Gewinngrenze**

Den Zusammenhang zwischen Nutzenschwelle, Nutzengrenze, Gewinnschwelle, und Gewinngrenze lässt sich am Besten mithilfe einer Graphik verdeutlichen.

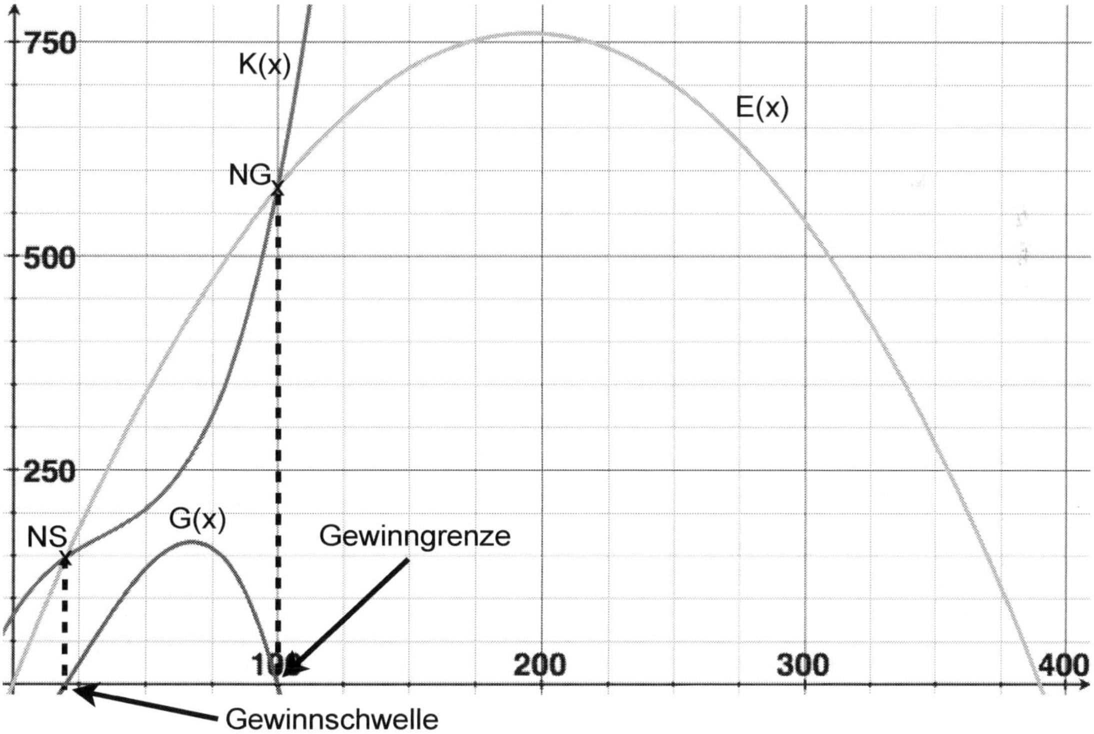

Die Koordinaten zwischen Gewinnschwelle und Gewinngrenze nennt der Mathematiker die Gewinnzone.

Gewinnzone [**Gewinnschwelle** ; **Gewinngrenze**]

Neben der Gewinnschwelle, der Gewinngrenze und der Gewinnzone kann man mithilfe der Gewinnfunktion auch die gewinnmaximale Produktionsmenge berechnen. Es geht hier um die Bestimmung des Punktes, an dem der Gewinn maximiert wird.

Um die gewinnmaximale Ausbringungsmenge (anderer Begriff, gleiche Bedeutung) zu bestimmen, müssen wir die Extremstellen der Gewinnfunktion bestimmen.

$$G(x) = -0{,}001x^3 + 0{,}08x^2 + 2{,}8x - 80$$
$$G'(x) = -0{,}003x^2 + 0{,}16x + 2{,}8$$

Notwendige Bedingung: $G'(x) = 0$

$$0 = -0{,}003x^2 + 0{,}16x + 2{,}8 \mid : (-0{,}003)$$
$$= x^2 - 53\tfrac{1}{3}x - 933\tfrac{1}{3}$$
$$x_{1/2} = 23\tfrac{2}{3} \pm \sqrt{711\tfrac{1}{9} + 933\tfrac{1}{3}}$$
$$= 23{,}66 \pm 40{,}55$$
$$x_1 = -13{,}89 \quad x_2 = 67{,}22$$
$$x_1 = -13{,}89 \notin D_{ÖK} \text{ und } x_2 = 67{,}22 \in D_{ÖK}$$

Da x_1 negativ ist und außerhalb des Definitionsbereichs liegt, ist es kein Element unseres ökonomischen Definitionsbereichs. Als gewinnmaximale Produktionsmenge bleibt deshalb nur x_2 übrig.

Die hinreichende Bedingung müssen wir bei der Gewinnfunktion nicht anwenden, da wir wissen, dass eine Extremstelle existieren muss. Zudem ist x_2 ein Hochpunkt, da ein Tiefpunkt nicht möglich ist, bzw. außerhalb unseres Definitionsbereichs liegt.

Da wir nur volle Kilo verkaufen runden wir unser Ergebnis.

$$x_2 = 67{,}22 \approx 67$$

Um nun den Gewinn für 67kg Kartoffeln zu berechnen, setzen wir den Wert in die Ausgangsfunktion G(x) ein.

$$G(x) = -0{,}001x^3 + 0{,}08x^2 + 2{,}8x - 80$$
$$G(67) = -0{,}001 \cdot (67)^3 + 0{,}08 \cdot (67)^2 + 2{,}8 \cdot (67) - 80$$
$$= -300{,}76 + 359{,}12 + 187{,}6 - 80$$
$$= 165{,}96 \approx 166$$

Der Gewinn ist also bei 67kg und 166€ maximal.

$$G_{MAX}(67/166)$$

So weit, so gut. Jetzt stellt sich natürlich die Frage, welchen Preis die Kartoffeln haben müssen, damit sie auch den maximalen Gewinn erziehlen. Um diesen optimalen Preis zu berechnen, setzen wir die gewinnmaximale Ausbringungsmenge in die Preisabsatzfunktion $p_A(x)$ ein.

$$p_A(x) = -0{,}02x + 7{,}80$$
$$p_A(67) = 6{,}46$$

Um 67 Kilo Kartoffeln verkaufen zu können, muss Bauer Fritz das Kilo für 6,46 Euro verlangen. Dieser Punkt auf der Preisabsatzfunktion nennt der Mathematiker auch den Cournotschen Punkt, sofern es sich bei dem Anbieter um einen Monopolisten handelt.

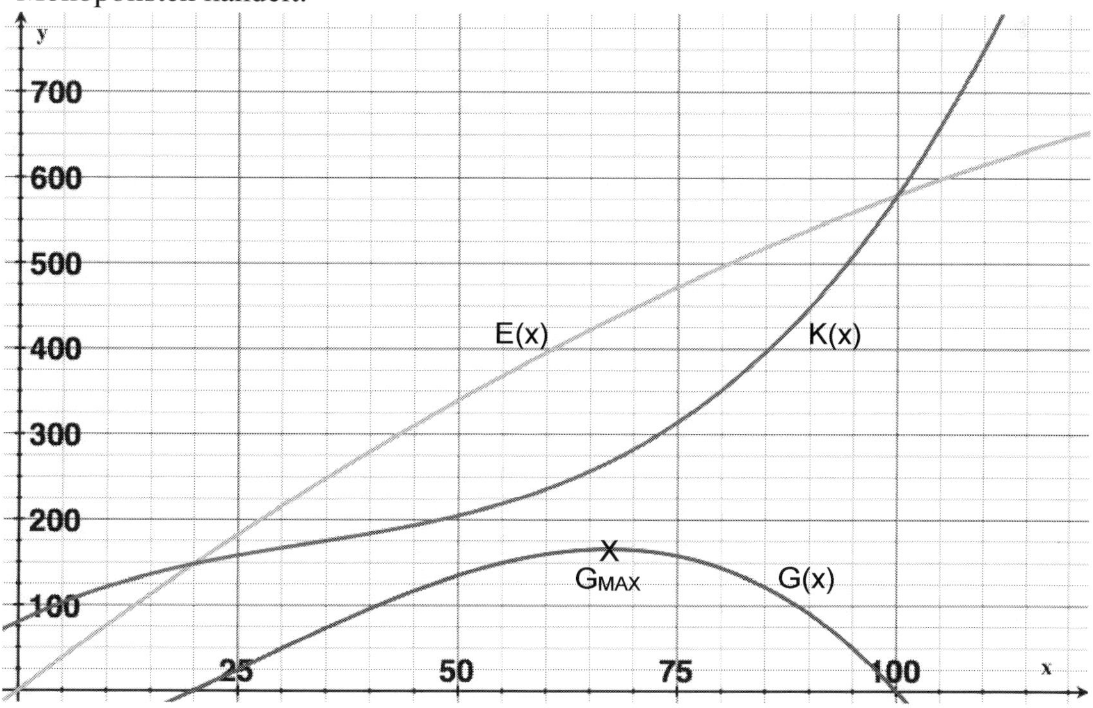

Die Kostenfunktion

Neben der Erlösfunktion und der Gewinnfunktion spielt bei der ökonomischen Anwendung auch die Kostenfunktion eine besondere Rolle. Aus diesem Grund will ich mich in diesem Kapitel noch einmal gesondert mit ihr beschäftigen.

Je nach Aufgabentyp muss man die Kostenfunktion erst mit dem Gauß-algorithmus aufstellen. Da ich das Gaußverfahren jedoch schon ausführlich in Band 1 erklärt habe, überspringen wir diesen Punkt.

1) Fixe und variable Kosten

Jede Kostenfunktion setzt sich aus zwei Teilen zusammen:

Den **fixen** und den **variablen Kosten**.

Fixe Kosten fallen immer an. Selbst, wenn wir nichts produzieren, müssen sie gezahlt werden (bsp. Miete). Um die fixen Kosten zu berechnen, müssen wir sie von den variablen Kosten trennen. Kurz um, wir müssen x gleich Null setzen (Bedingung).

Bedingung: $x = 0$

$$K(x) = 0{,}001x^3 - 0{,}1x^2 + 5x + 80$$
$$K(0) = 80$$
$$K_{FIX} = 80$$

Übrig bleibt der y-Achsenabschnitt. Der y-Achsenabschnitt der Kostenfunktion ist also gleich der fixen Kosten.

Neben den fixen Kosten, die immer anfallen, gibt es auch die variablen Kosten, die nur dann anfallen, wenn auch wirklich Güter produziert werden (bspw. Rohstoffkosten).

Wenn man nur die variablen Kosten berechnen will, muss man von der Kostenfunktion die fixen Kosten abziehen.

$$K_V(x) = K(x) - K_{FIX}(x)$$
$$K_V(x) = (0{,}001x^3 - 0{,}1x^2 + 5x + 80) - (80)$$
$$K_V(x) = 0{,}001x^3 - 0{,}1x^2 + 5x$$

2) Die Stückkostenfunktion

Die Stückkostenfunktion beschreibt, wie hoch die Kosten pro Stück sind. Um sie zu berechnen müssen wir die Kostenfunktion K(x) durch x dividieren.

$$k(x) = \frac{K(x)}{x}$$

$$k(x) = 0{,}001x^2 - 0{,}1x + 5 + \frac{80}{x}$$

$$k(x) = \frac{(0{,}001x^3 - 0{,}1x^2 + 5x + 80)}{x}$$

Mithilfe der Stückkostenfunktion lassen sich zwei weitere Werte berechnen:

Das **Betriebsoptimum** und das **Betriebsminimum**

Das Betriebsoptimum und das Betriebsminimum bestimmt man, in dem man die Extremstellen der Stückkostenfunktion berechnet. Der Hochpunkt ist das Betriebsoptimum und der Tiefpunkt das Betriebsminimum.

Zusätzlich zu den erklärten Begriffen gibt es natürlich noch viel mehr. Ich denke, ich habe Dir eine gute Grundlage für die Zukunft gegeben.

Extremwert-berechung

KAPITEL V

Extremwertberechnung

Bei der Extremwertberechnung haben wir mehrere Funktionen (oder Gleichungen) und mehrere Unbekannte. Ziel und Zweck der Extremstellenberechnung ist die exakte Bestimmung dieser unbekannten Variablen. Bis jetzt haben wir zur Bestimmung von Unbekannten immer das Gausßverfahren benutzt. Dies ist bei Extremwertaufgaben jedoch nicht mehr möglich, da wir mehr als eine Funktion/Gleichung haben. Zudem fehlen oft die Terme (bspw. x). Aus diesem Grund können keine Punkte einsetzen. Wir wissen lediglich, dass die unbekannten Variablen durch Nebenbedingungen miteinander verknüpft und damit nicht frei wählbar sind.

Wie genau die Extremwertberechnung funktioniert, erkläre ich dir anhand eines Beispiels.

Folgendes Problem:
Wir müssen die Maße einer Streichholzschachtel bestimmen. Wir wissen, dass ein Streichholz 4,5 cm lang ist. Damit die Hölzer gut in die Schachtel passen, muss diese 0,5 cm länger sein. Das Schachtelvolumen beträgt 17,5 cm^3.

Zur Lösung unseres Problems sollten wir den Fall erst einmal in einer Skizze veranschaulichen:

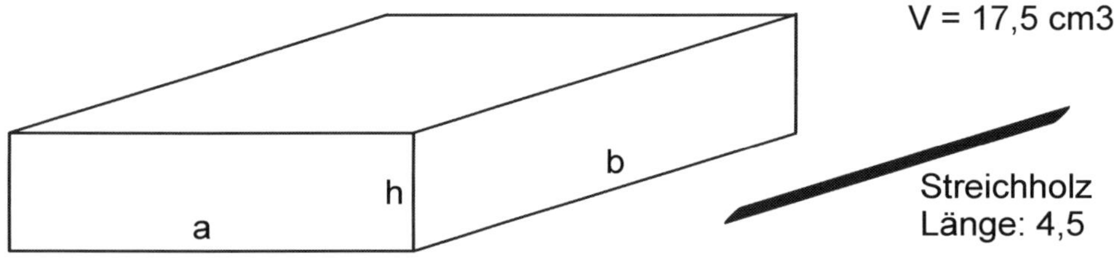

Wir wissen, das die Schachtel 0,5 cm größer sein muss als das Streichholz. b muss demnach 5 cm lang sein.

Zur Lösung stehen uns 2 Formeln zur Verfügung: Die Formel zur Berechnung des Volumens und die Formel zur Berechnung der Fläche.

$$V = a \cdot b \cdot h$$

$$A = 2ab + 2ah + 2bh$$

Hilfreich ist uns auf den ersten Blick nur die Formel der Volumenberechnung. Hier ist 1 von 3 Variablen bekannt. Um die Unbekannten auf ein Minimum (1) zu reduzieren, müssen wir die Formel umstellen (die Einheiten lasse ich einfachshalber weg). Dieser Schritt wir in der Mathematik „Formulierung der Nebenbedingung“ genannt:

$$V = a \cdot b \cdot h$$

$$17{,}5 = a \cdot 5 \cdot h$$

$$a = 17{,}5 : 5 : h$$

$$a = 3{,}5 : h$$

Manchmal benötigt man mehr als eine Nebenbedingung. Das trifft dann ein, wenn es mehr als zwei Unbekannte gibt. In diesem Fall sorgt man mithilfe der Nebenbedingungen dafür, dass es am Ende nur noch eine Unbekannte gibt.

Im nächsten Schritt ersetzen wir a (Unbekannte) und b (Bekannte = Länge des Streichholz 4,5cm + 0,5 cm = 5cm) in unserer Zielfunktion:

$$A = 2ab + 2ah + 2bh$$

$$A(h) = 2 \cdot 3{,}5/h \cdot 5 + 2 \cdot 3{,}5/h \cdot h + 2 \cdot 5 \cdot h$$

$$= 7 : h \cdot 5 + 7 + 10h$$

$$= 35 : h + 7 + 10h$$

$$= 35 \cdot h^{-1} + 7 + 10h$$

Wir haben nun eine Funktion mit nur noch einer Unbekannten h. (Wir wollen h also so bestimmen, dass A(h) extremal wird! (so ist es mathematisch einwandfrei)). Im nächsten Schritt müssen wir die erste Ableitung von A(h) bilden.

$$A'(h) = (35h^{-2}) \cdot (-1) + 10 = -35/h^2 + 10$$

Um h zu berechnen müssen wir mit der eigentlichen Extremstellenberechnung starten. Wie bei allen anderen Extremstellen starten wir mit der notwendigen Bedingung: Die erste Ableitung muss gleich 0 sein.

notw. Bedingung: A'(h) = 0

$$0 = -35/h^2 + 10 \quad | \cdot h^2$$
$$0 = -35 + 10h^2 \quad | : 10 \,|\, - h^2$$
$$- h^2 = -3{,}5 \quad | \sqrt{} \;| \cdot (-1)$$

$$h = 1{,}87$$

Wir haben nun die die Höhe h berechnet. Als nächstes setzen wir das Ergebnis in die Nebenbedingung ein.

$$a = 3{,}5 : 1{,}87$$
$$a = 1{,}87$$

Wir haben nun die beiden Unbekannten berechnet. Nun fehlt uns nur noch die Fläche unserer Streichholzschachtel. Wir müssen also alle Werte (a, b, h) in die Ausgangsfunktion einsetzen.

$$A = 2ab + 2ah + 2bh$$

$$A = 2 \cdot 1{,}87 \cdot 5 + 2 \cdot 1{,}87 \cdot 1{,}87 + 2 \cdot 5 \cdot 1{,}87$$
$$A = 3{,}74 \cdot 5 + 3{,}74 \cdot 1{,}87 + 10 \cdot 1{,}87$$
$$A = 18{,}7 + 6{,}99 + 18{,}7$$

$$A = 44{,}39 \ (cm^2)$$

Unsere minimierte Fläche beträgt also 44,39 cm^2.

Und das war sie auch schon, die Extremwertberechnung.

Einführung in die Integralrechnung

KAPITEL VI

Flächenberechnung von Funktionen

Bei der Integralrechnung geht es darum, die Fläche einer Funktion zwischen zwei Punkten zu berechnen.

$$f(x) = x$$

Wir wollen die Fläche zwischen dem Ursprung (0/0) und x = 1 (1/1) berechnen.

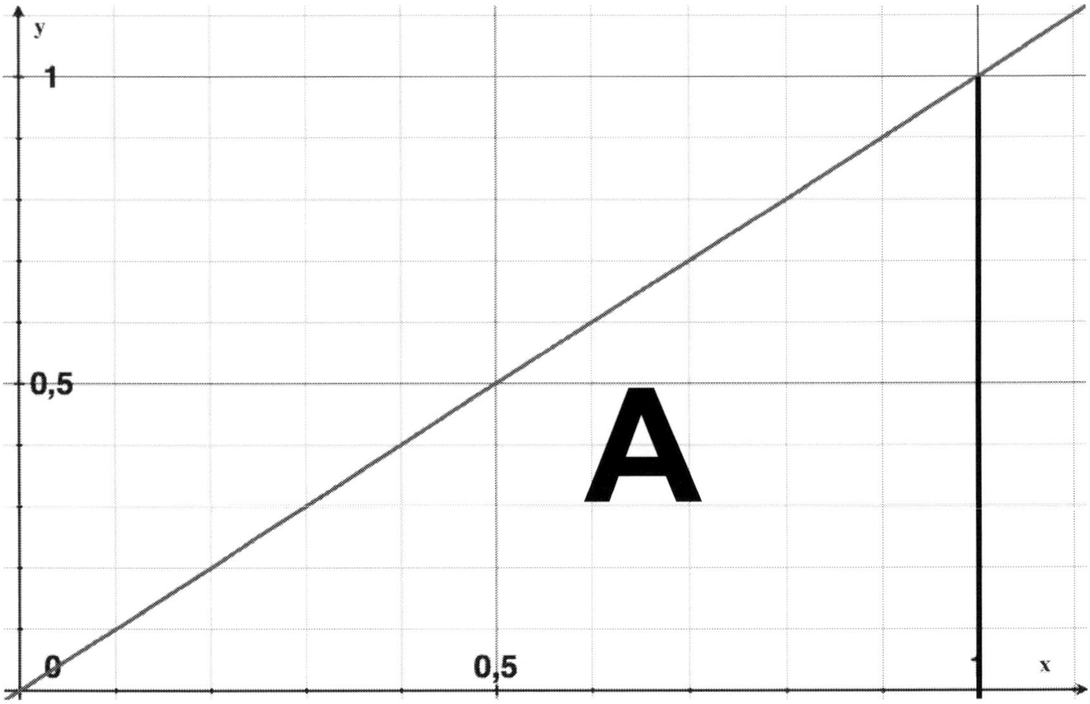

Um A zu berechnen kennen wir bis jetzt 2 Methoden:

1) Das Rechteck berechnen und anschließend halbieren

$$\begin{aligned} A &= a \cdot b : 2 \\ &= 1 \cdot 1 : 2 \\ &= 0{,}5 \end{aligned}$$

2) Direkt das Dreieck berechnen

$$\begin{aligned} A &= g \cdot h : 2 \\ &= 1 \cdot 1 : 2 \\ &= 0{,}5 \end{aligned}$$

Bei dieser einfachen Funktion kommen wir schnell zur Lösung. Doch was passiert, wenn der Graph keine Gerade ist, sondern sich krümmt?

Die Obersumme

Kommen wir nun also zu einem Problemfall:

$$f(x) = x^2$$

Auch hier wollen wir die Fläche zwischen Ursprung und 1 berechnen.

Graph:

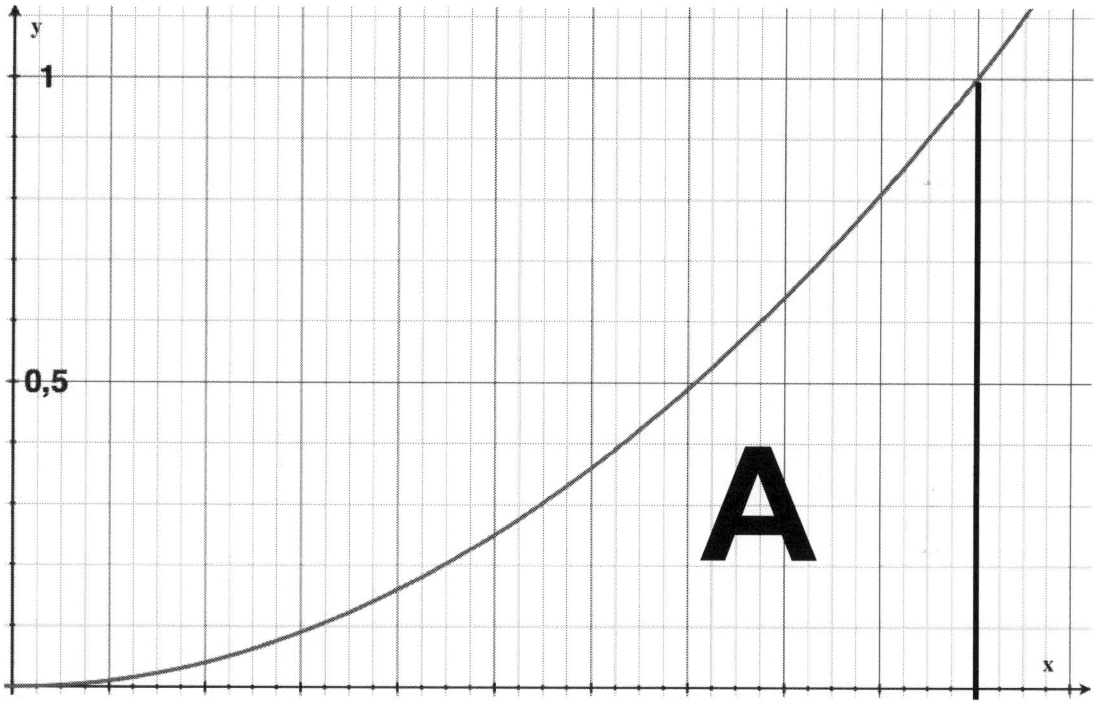

Wir sehen sofort, dass wir mit herkömmlichen Mitteln, weder mit der Rechtecksberechnung noch mit der Dreiecksberechnung, zur Lösung kommen. Was also tun? Statt die Fläche durch eine einzige Funktion zu berechnen, teilen wir die Fläche in mehrere Teilflächen auf.

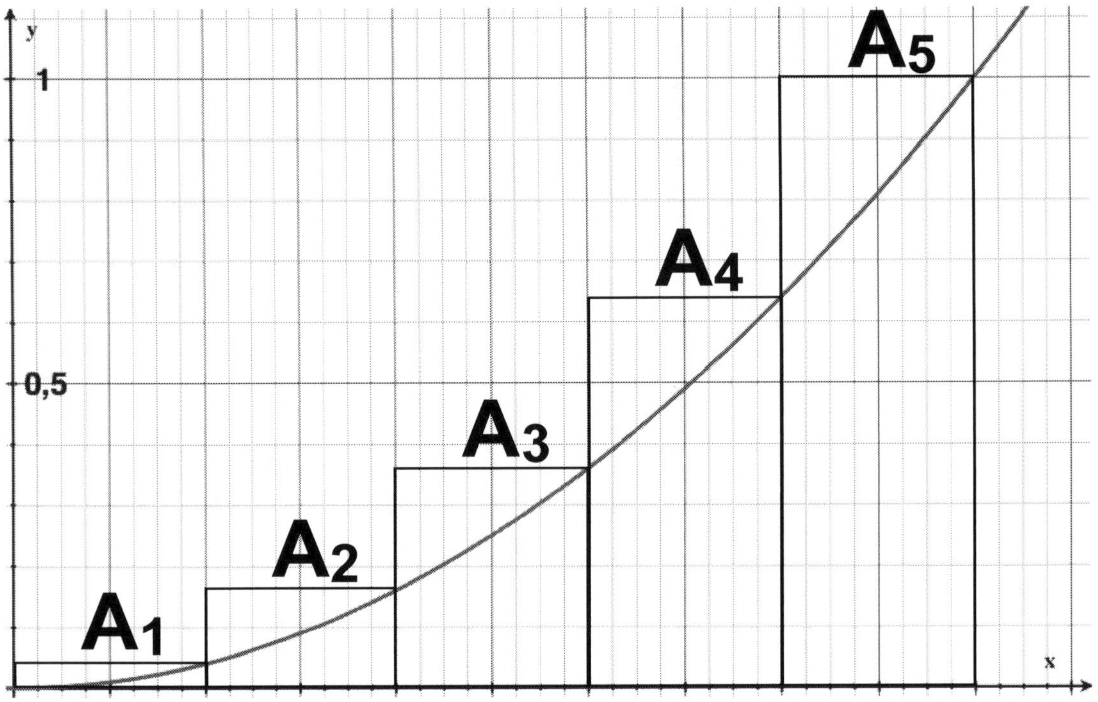

Anschließend berechnen wir die einzelnen Teilflächen:

$$A_1 = 0,2 \cdot 0,04 = 0,008$$
$$A_2 = 0,2 \cdot 0,16 = 0,032$$
$$A_3 = 0,2 \cdot 0,36 = 0,072$$
$$A_4 = 0,2 \cdot 0,64 = 0,128$$
$$A_5 = 0,2 \cdot 1,00 = 0,2$$

Wenn wir nun die Flächen zusammenfassen, erhalten wir die Gesamtfläche:

$$A_{ges} = A1 + A2 + A3 + A4 + A5$$
$$= 0,008 + 0,032 + 0,072 + 0,128 + 0,2$$
$$A_{Obersumme} = 0,44$$

Diese Methode nennt der Mathematiker „Berechnung der Obersumme“. Im nächsten Schritt berechnen wir die Untersumme der Funktion.

Die Untersumme

Die Obersumme haben wir berechnet. Als Lösung enthielten wir $A_{Obers.} = 0{,}44$. Bei der Berechnung der Untersumme setzen wir die Rechtecke unter den Graphen.

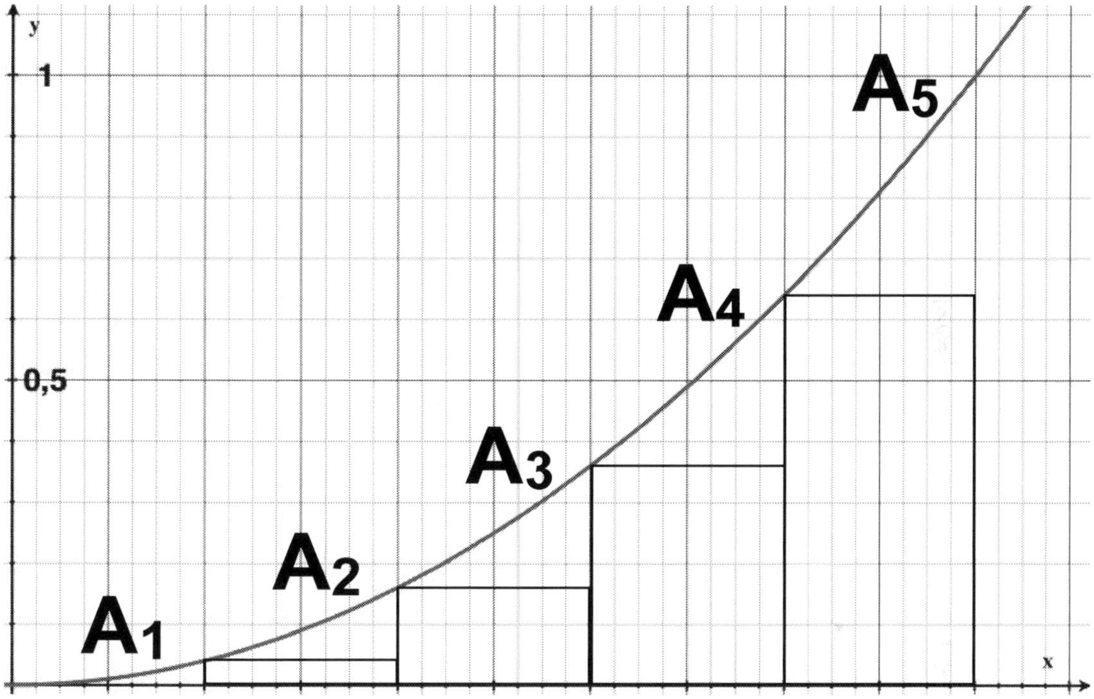

Nun berechnen wir abermals A1 - A5 und fassen anschließend zusammen.

$$A_1 = 0{,}2 \bullet 0{,}00 = 0{,}000$$
$$A_2 = 0{,}2 \bullet 0{,}04 = 0{,}008$$
$$A_3 = 0{,}2 \bullet 0{,}16 = 0{,}032$$
$$A_4 = 0{,}2 \bullet 0{,}36 = 0{,}072$$
$$A_5 = 0{,}2 \bullet 0{,}64 = 0{,}128$$

$$A_{Untersumme} = A_1 + A_2 + A_3 + A_4 + A_5$$
$$A_{Untersumme} = 0{,}008 + 0{,}032 + 0{,}072 + 0{,}128$$

$$A_{Untersumme} = 0{,}24$$

Wie wir feststellen können, weicht die Obersumme von der Untersumme ab.

$$A_{Obersumme} = 0{,}44$$
$$A_{Untersumme} = 0{,}24$$

Um näher an die wahre Fläche unserer Funktion heran zu kommen, bilden wir den Mittelwert:

$$A = (A_{\text{Übersumme}} + A_{\text{Untersumme}}) : 2$$

$$A = (0{,}44 + 0{,}24) : 2$$
$$A = 0{,}34$$

Um die Fläche noch präziser zu berechnen, nutzen wir die Integralrechnung!

KAPITEL VII
Integralrechnung I

Das Integral - Teil I

Bei der Berechnung der Fläche unserer Funktion mussten wir feststellen, dass wir uns mit der Obersumme und der Untersumme nur an der wahren Fläche annäherten. Wie genau die Annäherung der Wahrheit entspricht, wissen wir noch nicht. Zum „Glück" haben die Mathematiker ein Verfahren entwickelt, mit dem wir ganz einfach die Fläche berechnen können: Die Integralrechnung!

Die Formel der Integralrechnung lautet wie folgt:

$$A = \int_{\text{kleinerer Wert}}^{\text{größerer Wert}} f(x)\, dx$$

$$A = \int_a^b f(x)\, dx$$

In unserem Falle hieße das also:

$$a = 0;\ b = 1$$

$$A = \int_0^1 f(x)\, dx$$

Achtung Mathematik:
Das dx am Ende hat nur symbolischen Charakter. Es entsteht ans dem Δx, wenn man es „unendlich" klein macht. Dass ist aber auch nicht wirklich wichtig!

$$\Delta x \text{ –> } dx$$

Doch zurück zum Thema. Um unser Integral berechnen zu können, müssen wir die Stammfunktion bilden. Was genau eine Stammfunktion ist, damit beschäftigen wir uns jetzt.

Die Stammfunktion

Die Stammfunktion leitet sich, wie der Name schon sagt, aus der Orginalfunktion ab. Bei der Bildung ist zu beachten, dass die erste Ableitung der Stammfunktion immer wieder die Orginalfunktion ergeben muss.

$$F'(x) = f(x)$$

Wir müssen also dafür sorgen, dass bei der Ableitung der Stammfunktion F(x) immer wieder die $f(x)$ heraus kommt.

Im Prinzip ist es ganz einfach. Ein Beispiel:

$$f(x) = x$$

Unsere Funktion muss jetzt so umgestellt werden, dass bei der Ableitung der Stammfunktion x herauskommt.

$$F(x) = \frac{1}{2}x^2$$
$$F'(x) = x = f(x)$$

Wenn die Ausgangsfunktion noch einen Term ohne Variable besitzt, müssen wir diesen Term „schützen", damit er bei der Ableitung der Stammfunktion nicht verschwindet.

$$f(x) = x^2 + 2$$
$$F(x) = \frac{1}{3}x^3 + 2x$$
$$F'(x) = x^2 + 2$$

Wir müssen die 2 also durch ein x schützen. Zudem können wir bei der Stammfunktion beliebig viele Konstanten, zum Beispiel die Konstante c, dazu addieren oder subtrahieren. c ist eine Zahl, die bei der ersten Ableitung wieder verschwindet.

Beweis:

$$f(x) = x^2 + 2$$
$$F(x) = \frac{1}{3}x^3 + 2x + 5$$
$$F'(x) = x^2 + 2 = f(x)$$

Die Kostante c ist also völlig beliebig.

$$- \infty < c < +\infty$$

Achtung:
Bei manchen Aufgaben geben die Lehrer $f(x)$ an und einen Punkt (x/y). Wir müssen in diesem Fall c berechnen.

In diesem Fall: Einfach x und y einsetzen und nach c auflösen!

Die allgemeine Form von Stammfunktionen sieht so aus:

$$f(x) = ax^n + bx^{n-1} + \ldots + z$$

$$F(x) = \frac{a}{n+1} x^{n+1} + \frac{b}{n} x^n + \ldots + zx + c$$

$$F'(x) = ax^n + bx^{n-1} + \ldots + z = f(x)$$

Da wir nun wissen, wie wir die Stammfunktion bilden können, beschäftigen wir uns jetzt mit der Frage, was das Ganze überhaupt soll. Stammfunktionen bilden, schön und gut, aber was bringt es uns bei der Integralrechnung?

Das Integral - Teil II

Um die Fläche unserer Funktion $f(x) = x^2$ von 0 bis 1 [0;1] zu berechnen, müssen wir als allererstes die Stammfunktion von $f(x)$ bilden.

$$f(x) = x^2$$
$$F(x) = \frac{1}{3}x^3$$

Nun setzten wir die Stammfunktion in unser Integral ein.

$$A = {}^1\!\int_0 f(x)\,dx$$

Hier angekommen, müssen wir integrieren. Beim Integrieren setzen wir a und b in die Stammfunktion ein. Anschließend wird die Stammfunktion von dem „unteren" Wert (also 0) von der Stammfunktion mit dem „oberen" Wert abgezogen.

Gängige Schreibweise:

$$A = {}^1\!\int_0 f(x)\,dx = [Fx]_0^1$$

$$A = F(\text{„obere" Wert}) - F(\text{„untere" Wert})$$
$$= F(1) - F(0)$$
$$= (\frac{1}{3} \bullet 1^3) - (\frac{1}{3} \bullet 0^3)$$
$$= \frac{1}{3} - 0 = \frac{1}{3}$$

Wie wir feststellen können, weicht diese Lösung nur minimal von unserem Mittelwert ab. Mathematisch korrekt ist jedoch nur dieser Weg!

Die Funktion war natürlich noch sehr einfach. Bevor wir uns aber in neue Gewässer wagen, kommen wir zu den Regeln der Integralrechnung.

Regeln der Integralrechnung

KAPITEL VIII

Regeln der Integralrechnung

Die Flächenberechnung mithilfe der Integralrechnung haben wir bereits kennen gelernt. Es gibt auch in der Integralrechnung bestimmte Regeln. So können Integrale unter bestimmten Bedingungen zusammengefasst werden. Insgesamt gibt es 4 Gesetze: Die Intervalladditivität, die Summenregel, die Faktorregel und die Umkehrung der Integralrichtung.

a) Die Intervalladditivität

Bei der Intervalladditivität geht es um die korrekte Addition von zwei Integralen einer Funktion.

$$A = \int_a^b f(x)\,dx + \int_b^c f(x)\,dx$$

Wir haben also zwei Integrale: Einmal von den Punkten [a;b] und von [b;c].

Das zu berechnende Integral liegt im Prinzip zwischen a und c.

Dank der Intervalladditivität können wir die beiden Integrale zusammenfassen.

$$A = \int_a^c f(x)\,dx$$

Wir integrieren nun also von [a;c].

Achtung:
Die Intervalladditivität darf nicht zur Flächenberechnung angewendet werden!! Man darf nicht direkt von a nach c integrieren, um die Gesamtfläche zu berechnen.

Grund:
Flächen unterhalb der x-Achse werden negativ berechnet, oberhalb der x-Achse positiv. Wenn wir mithilfe der Intervalladditivität die Flächen zusammenfassen, ziehen wir die negativen Flächen automatisch von den positiven ab.

Statt die Intervalladdtitvität zu nutzen, müssen wir bei Flächenberechnungen von Nullstelle zu Nullstelle integrieren. Die positiven Ergebnisse werden anschließend zusammengefasst (weiteres, siehe Kapitel „Der Betragsstrich").

Am einfachsten ist diese Regelausnahme am einem Graphen zu sehen.

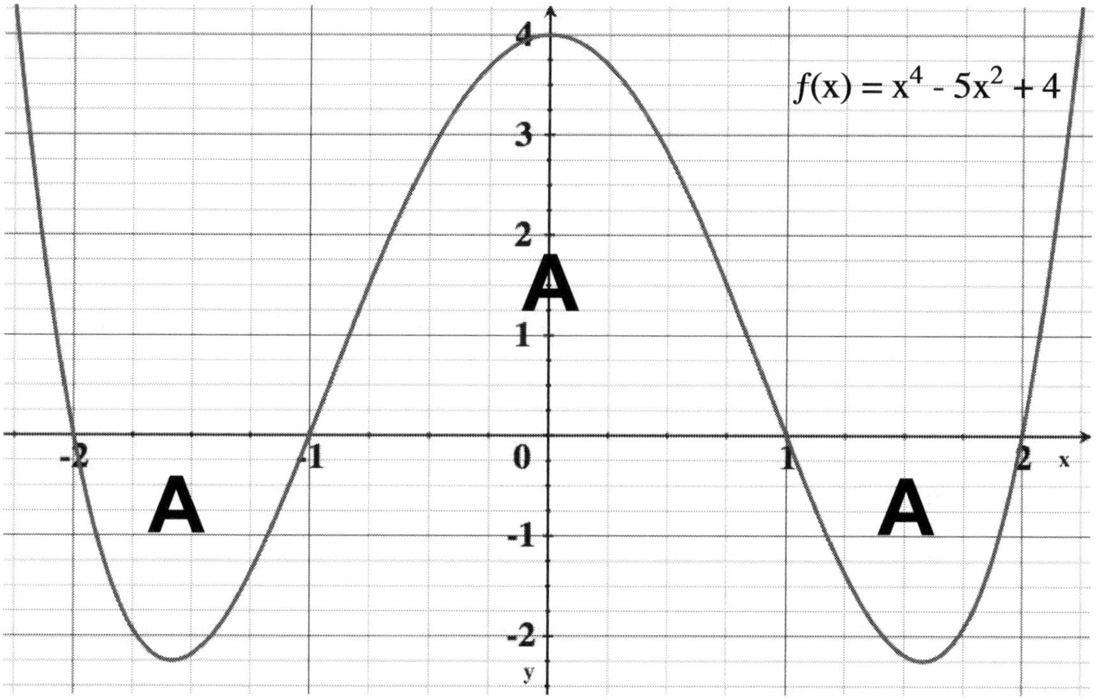

b) Sie Summenregel

Wenn wir zwei identische Integrale mit unterschiedlichen Funktionen haben, dann können wir die beiden Funktionen „zusammenlegen".

$$A = {}^{b}\int_{a} f(x)\,dx + {}^{b}\int_{a} g\,(x)\,dx$$

Da die Integrale gleich sind, können wir hier mit der Summenregel zusammenfassen:

$$A = {}^{b}\int_{a} (f(x) + g\,(x))\,dx$$

Und damit ist die Summenregel erklärt!

c) Die Faktorregel

Bei der Faktorregel haben wir eine Konstante, die mit der Funktion multipliziert wird.

$$A = {}^{b}\int_{a} k \bullet f(x)\,dx$$

Anstatt erst die Konstante mit der Funktion zu multiplizieren, können wir zuerst die Integralrechnung und dann die Multiplikation durchführen.

$$A = k \bullet {}^{b}\int_{a} f(x)\,dx$$

Das war es auch schon. Die Faktorregel sagt nichts anderes, als dass das Integral von k • $f(x)$ dx nichts anderes ist als k, mutipliziert mit dem Integral von $f(x)$ dx. Man kann also das Integral ausrechnen und anschließend das Ergebnis mit k multiplizieren.

d) Umkehrung der Integralrichtung

Wenn wir die Richtung des Integrals ändern wollen, bspw. von [b;a] zu [a;b], dann müssen wir einige formale Dinge beachten.

$$A = + {}^{b}\!\int_{a} f(x)\, dx$$

Bei der Änderung der Integralrichtung müssen wir das gesamte Integral „umpolen", also aus plus minus machen.

Im Umkehrschluss heißt dass auch:
Wenn wir das Vorzeichen wechseln wollen, müssen wir die Integralrichtung ändern.

$$+ {}^{b}\!\int_{a} f(x)\, dx = - {}^{a}\!\int_{b} f(x)\, dx$$

Es besteht also eine direkte Abhängigkeit zwischen der Integralrichtung und dem Vorzeichen!

KAPITEL IX
Integralrechnung II

Das Integral - Teil III

Als nächstes beschäftigen wir uns mit der Integration mit Nullstellen. Als Funkion wählen wir:

$$f(x) = x^3 \quad F(x) = \frac{1}{4}x^4$$

Zu berechnen ist die Fläche zwischen - 1 und 1 [-1;1].

$$\begin{aligned} A &= {}^{b}\!\int_{a} f(x)\,dx \\ &= {}^{1}\!\int_{-1} f(x)\,dx \\ &= [F(x)]_{1}^{-1} \\ &= F(1) - F(-1) \\ &= \frac{1}{4} - \frac{1}{4} \\ &= 0 \end{aligned}$$

Überraschung: Die Fläche scheint sich aufzulösen! Wenn man sich den Graphen ansieht, ist die Fläche aber offensichtlich nicht 0.

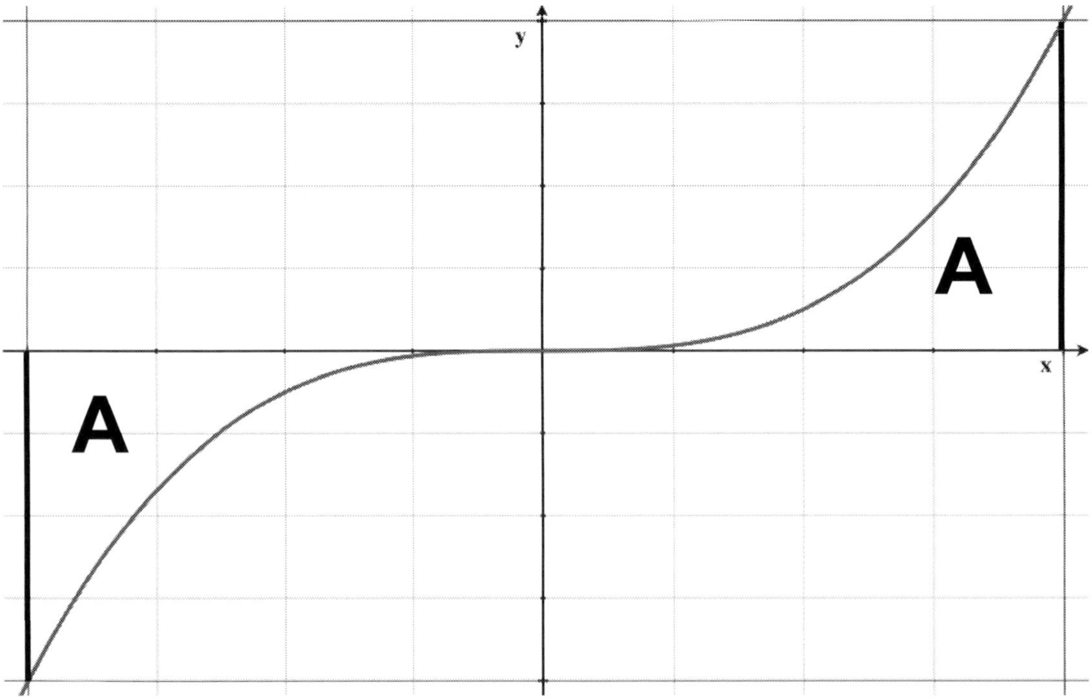

Was haben wir falsch gemacht?

Um diese Frage zu klären, beziehen wir die Nullstellen als Grenzen mit ein. Wir schauen uns also die beiden Teilintegrale an [-1;0] [0;1].

$$\begin{aligned} A_1 &= \int_a^b f(x)\,dx \\ &= \int_{-1}^0 f(x)\,dx \\ &= [F(x)]_{-1}^{0} \\ &= F(0) - F(-1) \\ &= -\frac{1}{4} \end{aligned}$$

$$\begin{aligned} A_2 &= \int_0^1 f(x)\,dx \\ &= [F(x)]_{0}^{1} \\ &= F(1) - F(0) \\ &= \frac{1}{4} \end{aligned}$$

$$\begin{aligned} A_{ges} &= A_1 + A_2 \\ &= -\frac{1}{4} + \frac{1}{4} \\ &= 0 \end{aligned}$$

Wie wir feststellen können, heben sich die Teilflächen/Teilintegrale gegenseitig auf.

Doch halt! - Gibt es überhaupt negative Flächen? - Natürlich nicht!!!

Der Betragsstrich

Um die Flächen zu erhalten, müssen wir die Beträge der Teilflächen nehmen und addieren. Dabei werden alle Vorzeichen ignoriert!

Als mathematisches Zeichen dient der Betragsstrich!

$$A_1 = -\frac{1}{4} \quad | \text{ Betragsstriche setzen!}$$

$$|A_1| = |-\frac{1}{4}|$$

$$|A_1| = \frac{1}{4}$$

Nun erhalten wir für unsere Fläche auch ein vernünftiges Ergebnis.

$$A_{GES} = \frac{1}{4} + \frac{1}{4} = \frac{2}{4} = \frac{1}{2}$$

Als zusätzliche Erleichterung betrachten wir die Symmetrie der Funktion.

$$f(x) = x^3$$

Exkurs zur Standardsymmetrie:
–> Bei nur geraden Exponenten ist die Funktion achsensymmetrisch.
–> Bei nur ungeraden Exponenten ist die Funktion punktsymetrisch.
–> Bei ungeraden und geraden Exponenten ist die Funktion nicht symmetrisch.

Unsere Funktion ist punktsymmetrisch, daher integrieren wir bis zur Nullstelle und multiplizieren mit 2, da beide Integrale den selben Betrag haben.

$$A = 2 \cdot {}^0\int_{-1} f(x)\,dx$$

Bei mehreren Nullstellen muss man von einer Integrationsstelle zur Nullstelle bzw. von Nullstelle zu Nullstelle integrieren. Anschließend werden die einzelnen Beträge addiert.

Man darf also nicht über eine Nullstelle integrieren. –> Interervalladditivität

Flächenberechnung zwischen 2 Funktionen

Bei der Berechnung der Flächen zwischen zwei Funktionsgraphen berechnen wir die Flächen beider Funktionen zwischen den beiden Schnittpunkten, also die beiden Flächen unter dem Graphen. Anschließend wird von der größeren Fläche die kleinere subtrahiert.

Aufgepasst:
Wir müssen immer von Schnittpunkt zu Schnittpunkt integrieren.

Beispiel:

$$f_1(x) = x$$
$$f_2(x) = x^2$$

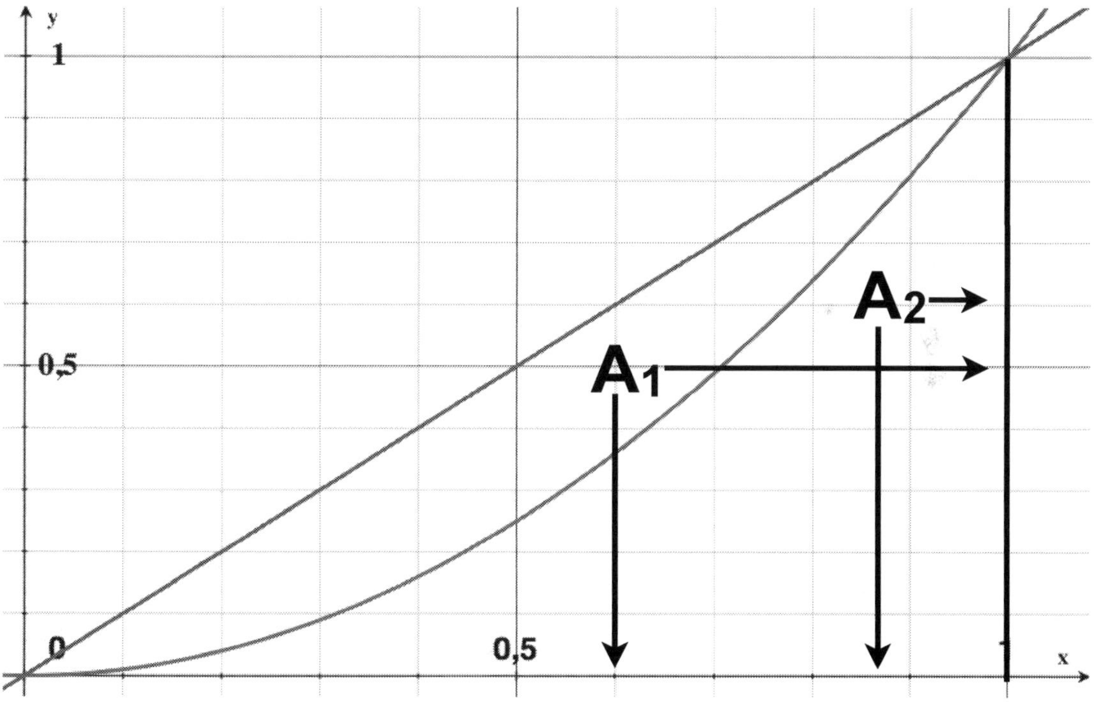

$$A = A_1 - A_2$$

1) Stammfunktionen aufstellen

$$F_1(x) = \frac{1}{2}x^2$$
$$F_2(x) = \frac{1}{3}x^3$$

2) Integralrechnung ausführen

$$A_1 = \int_0^1 f_1(x)\,dx$$
$$= [\frac{1}{2}(1)^2 - 0]_0^1 = \frac{1}{2}$$
$$A_2 = \int_0^1 f_2(x)\,dx \text{ ffff}$$
$$= [\frac{1}{3}(1)^3 - 0]_0^1 = \frac{1}{3}$$
$$A = A_1 - A_2$$
$$= \frac{1}{2} - \frac{1}{3} = \frac{1}{6}$$

Diese Art der Berechnung ist sehr umständlich. Gab es nicht eine Regel, die wir hier anwenden können?

Richtig! Es gibt die Summenregel!

Die Summenregel hilft uns die beiden Funktionen zusammenzufassen:

$$A = \int_a^b f_1(x)\,dx - \int_a^b f_2(x)\,dx$$
$$= \int_a^b (f_1(x) - f_2(x))\,dx$$
$$= \int_0^1 (x - x^2)\,dx$$
$$= [(\frac{1}{2}(1)^2 - (\frac{1}{3}(1)^2) - 0]_0^1$$
$$= \frac{1}{6}$$

Wir sehen also, dass wir auf das gleich Ergebnis kommen. Es genügt also statt der umständlichen Einzelflächenberechnung einfach die Differenzfunktion zu integrieren. Die Integration muss jedoch auch hier von Nullstelle zu Nullstelle erfolgen.

Integration durch Substitution

KAPITEL X

Integration durch Substitution I

Bei vielen Funktionen können wir nicht sofort integrieren, weil die Funktion aus einer inneren und einer äußeren Funktion besteht.

$$A = \int_a^b f(x)\,dx$$

$$f(x) = \sqrt{x+1}$$

Die äußere Funktion ist die Wurzel, die innere (x + 1).

Das Integral können wir so nicht berechnen. Aus diesem Grund ersetzten wir die innere Funktion durch u.

$$u = x + 1$$

Unsere neue Funktion lautet somit:

$$A = \int_a^b \sqrt{u}\,dx$$

Oder anders dargestellt:

$$A = \int_a^b u^{1/2}\,dx$$

Achtung Mathematik:
Jetzt müssen wir das Integral umformen. Aus dem dx muss du werden.

$$A = \int_a^b \sqrt{u}\,dx$$

UMFORMEN ZU

$$A = \int_a^b \sqrt{u}\,du$$

Damit dx zu du werden kann, müssen wir die Ableitung der inneren Funktion (u‘ = 1) mit dem Rest multiplizieren.

$$A = \int_a^b \sqrt{u} \cdot u'\,dx \quad | \; u' = 1$$

$$= \int_a^b \sqrt{u} \cdot 1\,du$$

$$= \int_a^b \sqrt{u}\,du$$

Jetzt bilden wir wie gewohnt die Stammfunktion und setzen diese in die Integralrechnung ein.

$$A = {}^{b}\int_{a} \sqrt{u}\ du$$

$$F(x) = \frac{2}{3}\ u^{3/2}$$

$$A = {}^{b}[\frac{2}{3}\ u^{3/2}]_{a}$$

Erst jetzt ersetzen wir u wieder durch die innere Funktion. Wir bilden keine zusätzliche Stammfunktion sondern setzen einfach nur die innere Funktion ein.

$$A = [\frac{2}{3}\ (x + 1)^{3/2}]_{a}^{b}$$

Von hier aus kann man die Fläche wir gewohnt berechnen.

Wir haben jetzt die mathematisch korrekte Form der Integration durch Substitution kennen gelernt. Es gibt aber jedoch noch eine wesentlich einfachere Methode, die aber von Mathematikern nicht unbedingt gerne gesehen wird.

Integration durch Substitution II

Als zweite zu berechnende Fläche wählen wir:

$$A = {}^{b}\!\int_{a} \sqrt{4 - x}\ dx$$

Auch bei der vereinfachten Form der Integration durch Substitution ersetzen wir die innere Funktion durch u.

$$u = 4 - x$$

$$A = {}^{b}\!\int_{a} u^{1/2}\ dx$$

Mit dem nächsten Schritt haben Mathelehrer im Normalfall Probleme. Wir sagen nämlich, dass du durch dx das selbe ist, wie u‘.

$$\frac{du}{dx} = u'$$

Daraus folgt:

$$du = u'\ dx$$

$$dx = \frac{1}{u'}\ du$$

Die neue Flächenfunktion lautet somit:

$$A = {}^{b}\!\int_{a} u^{1/2} \bullet (-1)\ du$$

Der Faktorregel sei dank, können wir die - 1 jetzt vor das Integral stellen.

$$A = -1 \bullet {}^{b}\!\int_{a} u^{1/2}\ du$$

Den nächsten Schritt kennen wir ja bereits: Wir bilden die Stammfunktion und setzen diese in die Integralrechnung ein.

$$A = -1 \bullet [\quad u^{3/2}]_{a}^{b}$$
$$= -1 \bullet [\quad (4 - x)^{3/2}]_{a}^{b}$$

Von hier aus können wir wie gewohnt weiter rechnen.

KAPITEL XI
Integralrechnung in der Ökonomie

Produzenten- und Konsumentenrente

Eine sehr beliebte Anwendung der Integralrechnung ist die Berechnung der Produzentenrente (PR), der Konsumentenrente (KR) und dem Gleichgewichtspreis (GP).

Bevor wir die einzelnen Komponenten berechnen, erkläre ich euch, was diese Komponenten überhaupt sind.

Wir befinden uns auf dem Gütermarkt. Wenn die Verkäufer hohe Preise für ihre Güter verlangen, dann werden diese nur von wenigen nachgefragt. Bei besonders niedrigen Preisen dagegen verkaufen die Händler besonders viele ihrer Güter. Die Nachfrage steigt, aber die Verkäufer sind im Normalfall nicht bereit ihr Güter zu diesem Preis zu verkaufen. Das Angebot wird also gesenkt.

Im Preis-Mengen-Diagramm sieht dass dann so aus:

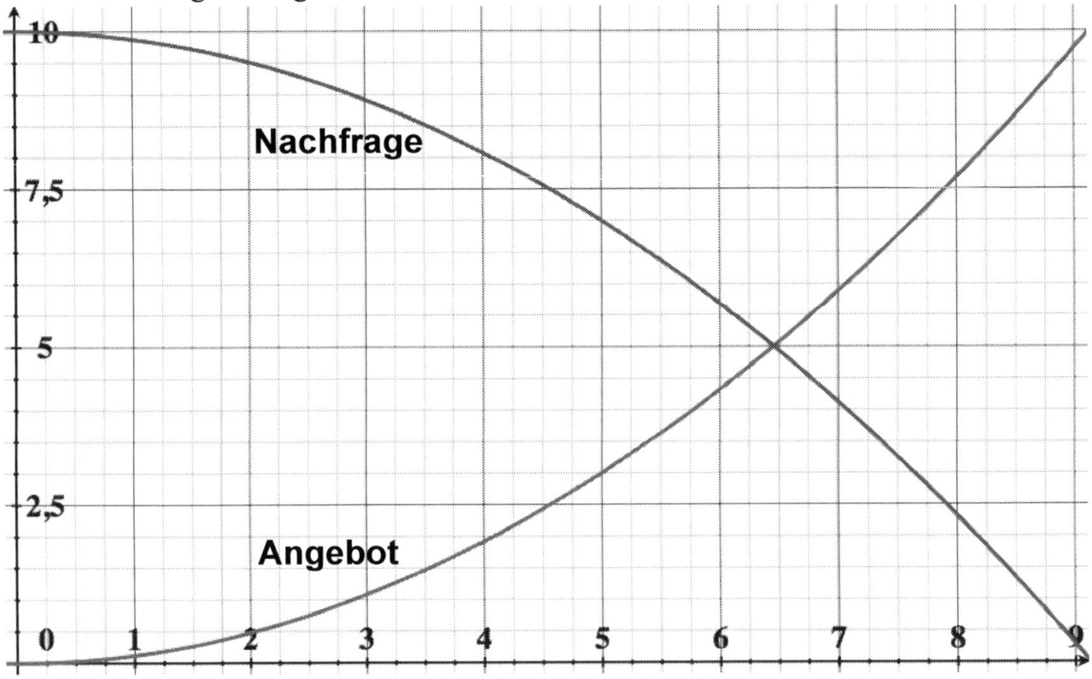

Auf der y-Achse wird er Preis dargestellt. Die Menge ist auf der x-Achse abzulesen.

Wir sehen, dass sich die Angebotskurve und die Nachfragekurve kreuzen. An dieser Stelle liegt der Gleichgewichtspreis. Bei ihm werden von den Händlern genau so viel Güter angeboten, wie sie von den Konsumenten nachgefragt werden. Angebot und Nachfrage halten sich somit im Gleichgewicht.

Um den Gleichgewichtspreis zu berechnen, setzen wir die beiden Funktionen gleich (Gleichsetzungsverfahren).

Wir betrachten nun die Fläche vor dem Gleichgewichtspreis. Diese Fläche teilen wir auf in 2 Teile. Die Trennlinie ist der Gleichgewichtspreis.

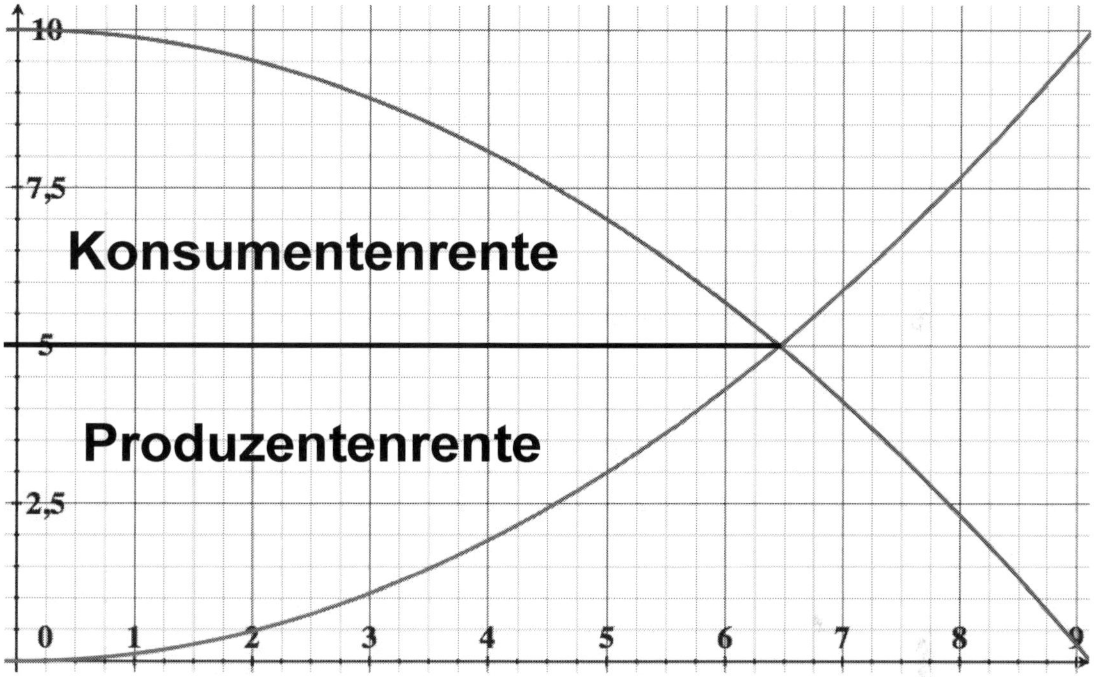

Die untere Fläche bezeichnen wir als Produzentenrente. Die obere Fläche dagegen als die Konsumentenrente.

Wenn der Händler seine Wäre über dem Gleichgewichtspreis verkaufen kann, dann macht er zusätzlichen Gewinn. Diesen Gewinn bezeichnet man als Produzentenrente.

Sollte ein Händler sein Produkt unter dem Gleichgewichtspreis verkaufen, dann können die Konsumenten Geld einsparen, wenn sie bei diesem Händler ihre Waren einkaufen. Die eingesparte Menge nennt der Ökonom Konsumentenrente.

Berechnung der PR, KR und des GP

Wenn wir die Konsumentenrente und die Produzentenrente berechnen wollen, dann brauchen wir den Gleichgewichtspreis. Ohne ihn können wir nicht integrieren.

a) Der Gleichgewichtspreis (GP)

Den Gleichgewichtspreis berechnen wir, indem wir die beiden Funktionen gleichsetzen.

Folgende Funktionen sind gegeben:

- Angebotsfunktion: $p_A = 0{,}02x^2 + 16$
- Nachfragefunktion: $p_N = 0{,}0025 \cdot (200 - x)^2 - 16$

$$\text{Angebot} = \text{Nachfrage}$$
$$p_A = p_N$$

$$0{,}02x^2 + 16 = 0{,}0025 \cdot (200 - x)^2 - 16$$
$$0 = 7x^2 + 400x - 27200 \quad | :7$$
$$0 = x^2 + 57{,}1429x - 3885{,}7143 \quad | \text{ pq-Formel}$$
$$x = 40$$

Wir haben jetzt den x-Wert. Um den y-Wert zu berechnen setzen wir den x-Wert in eine unserer Funktionen ein.

$$p_A = 0{,}02x^2 + 16 \quad | \; x = 40$$
$$= 32 + 16$$
$$= 48$$

GP (40/48)

Der Gleichgewichtspreis liegt also an der Stelle (40/48). Den ersten Schritt haben wir nun geschafft. Jetzt können wir die Konsumentenrente und die Produzentenrente berechnen.

Um die Konsumenten- und Produzentenrente zu berechnen, nutzten wir die Intervalladditivität. Dazu greifen wir auf das zurück, was wir bei der Berechnung von Flächen zwischen zwei Funktionen bereits gelernt haben.

Bevor wir uns aber um die Berechnung dieser Größen kümmern, berechnen wir die Fläche zwischen Null und dem Gleichgewichtspreis. Diese Fläche ist bei der weiteren Rechnung von entschiedener Bedeutung.

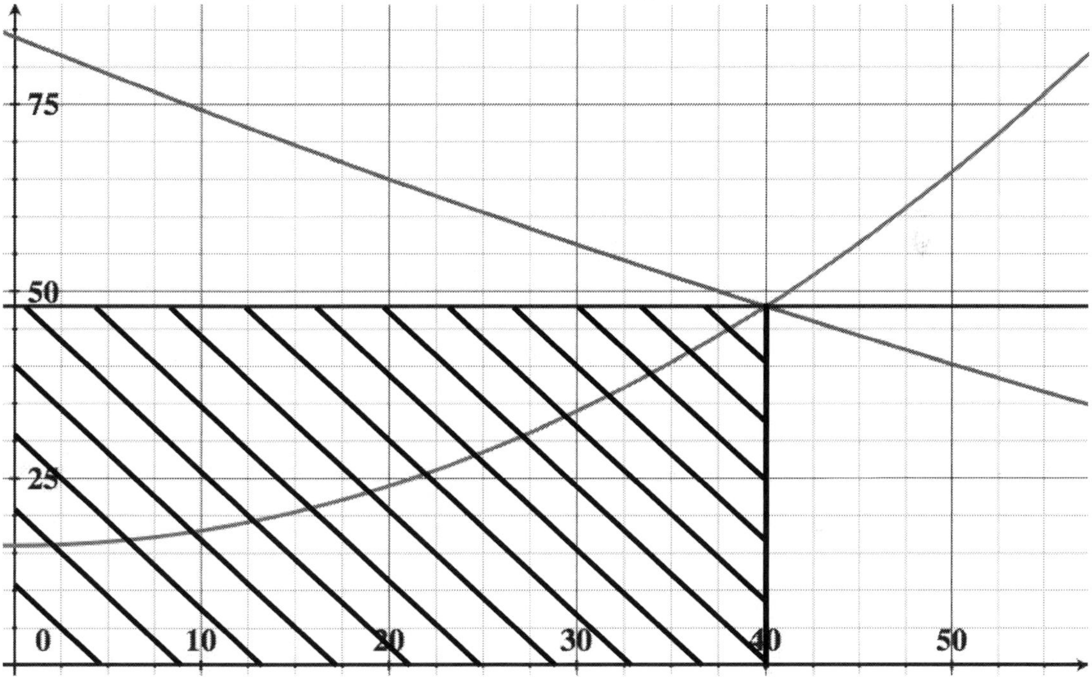

Für die Berechnung dieser Fläche brachen wir nicht einmal die Integralrechnung. Um $A_{\square}$ zu berechnen, multiplizieren wir die beiden Seitenlängen a und b.

$$
\begin{aligned}
A_{\square} &= a \cdot b \\
&= 40 \cdot 48 \\
&= 1920
\end{aligned}
$$

b) Die Konsumentenrente

Um nun die Konsumentenrente zu bestimmen, berechnen wir die Fläche der Nachfragefunktion und subtrahieren die Fläche des Kastens $A_{□}$. Dank der Intervalladditivität können wir beide Schritt zusammenfassen. Als Ergebnis erhalten wir die Konsumentenrente.

$$\text{Konsumentenrente} = {}^{GP}\int_0 (p_N(x) - A_{□})\,dx$$

$$\begin{aligned} KR &= {}^{40}\int_0 (0{,}0025x^2 - x + 48) - A_{□}\,dx \\ &= [(0{,}0008333x^3 - 0{,}5x^2 + 84x) - 1920]_0^{40} \\ &= (53{,}3312 - 800 + 3360) - 1920 \\ &= 2613{,}33 - 1920 \\ &= 693{,}33 \end{aligned}$$

Die Konsumentenrente beträgt also 693,33 Euro.

c) Die Produzentenrente

Die Berechnung der Produzentenrente unterscheidet sich nur minimal von der Berechnung der Konsumentenrente. Bei der Produzentenrente subtrahieren wir von $A_{□}$ die Angebotsfunktion $p_A(x)$.

$$\text{Produzentenrente} = {}^{GP}\int_0 (A_{□} - p_A(x))\,dx$$

$$\begin{aligned} PR &= {}^{40}\int_0 1920 - (0{,}02x^2 + 16)\,dx \\ &= 1920\ [\ - (0{,}00666x^3 + 16x] \\ &= 1920 - 1066{,}666 \\ &= 853{,}334 \end{aligned}$$

Und damit haben wir auch die Produzentenrente berechnet.

Danksagung

Am Ende von Band 2 möchte ich all jenen danken, die mich bis zur Veröffentlichung von Band 1 und Band 2 begleitet und unterstützt haben.

Zuerst einmal danke ich meinem ehemaligen Deutschlehrer Herrn Steinbach, der auch Band 2 gegengelesen und korrigiert hat.

Für die Hilfe bei mathematischen Formeln danke ich Herrn Büker, meinem Fels in der Brandung. Ihm ist es zu verdanken, dass trotz des ganzen Textes die mathematischen Formeln dann doch nicht zu kurz gekommen sind.

Unverzichtbar für die Entstehung von MATHE-CRASH war auch mein Matheunterricht in der Oberstufe. Die fehlende Verständlichkeit meines Matheunterrichts und die Einsicht, dass Mathematik sehr wohl verständlich sein kann, war der wichtigste Impuls zum Schreiben meines Buchs.

An dieser Stelle möchte ich auch meinen Eltern danken, die das Projekt trotz Skepsis unterstützt haben. Bei diesem Thema gingen die Meinungen ziemlich auseinander. Aber Zweifel kann schließlich auch anspornen und das hat es bei mir getan.

4715752R00070

Printed in Germany
by Amazon Distribution
GmbH, Leipzig